朝

As

台湾有事　日本の選択

田岡俊次

朝日新聞出版

まえがき

他国領土の一部を分離独立させようとして相手の政府軍にそれを阻止され武力によって目的を達しようとするロシアのウクライナ侵攻は明白な国際法違反であり、２０２３年2月の国連総会で１４１の国がロシア非難決議に賛成したのは当然だ。

だがアメリカで反中国強硬派の国会議員が台湾の独立を煽(あお)り、それに乗った台湾の独立派が決起し、中国軍が内乱を平定しようとすれば、アメリカ軍が介入して大戦争になる恐れもあり、ロシアがウクライナで行っていることと同じになる。もし日本が参戦すればロシアに従うベラルーシの役を演じ、「日中共同声明」「日中平和友好条約」に違反し、条約の遵守を定めた「日本国憲法98条」にも違反する（巻末資料参照）。

「台湾有事」の勃発(ぼっぱつ)に備え、日本政府は防衛費を約2倍に増大し、「敵基地反撃能力」として、潜水艦や水上艦から発射する巡航ミサイル「トマホーク（射程約１６５０㎞）」２００発の購入や地上発射の「12式地対艦誘導弾能力向上型（射程１０００㎞以上）」の開発を進め、また、アメリカ軍と自衛隊の連携の強化を図っている。

アメリカと日本は、1972年から始まった中国との国交正常化協議で、中華人民共和国が中国の唯一の合法政府であることを承認し、台湾は中国の一部であるとの中国の立場をアメリカは「認識」し、日本は「尊重」すると定めた。

もしアメリカが「台湾の独立」を支援して米中2大国の戦争になり、日本も参戦すれば中国との貿易が停止し、日本の輸出の26・3％（21兆8748億円）、輸入の24・2％（20兆5020億円）は香港を含む中国だから（2021年）、日本経済に致命的な打撃だ。中国に進出している1万以上の企業も「敵性資産」として凍結あるいは接収されるだろう。火薬弾頭のミサイルでも撃ち合いになれば、日本でも数千人の死傷者が出そうだ。

大陸中国と台湾は分業などで極めて親密な相互依存関係があり、手を取り合って発展してきた。台湾の人々は中国との関係は保ちたいが、統一して言論の自由が損なわれるのも嬉しくないから、台湾当局の世論調査では「現状維持」を望む人が86・3％もいる。アメリカが台湾に独立を勧めず、あいまいな現状維持政策を続ければ戦争は避けられそうだ。

バイデン政権は中国との関係改善に舵(かじ)を切りつつあるが、アメリカの大衆には反中国感情が強くバイデン政権も弱腰との非難に押されて対中強硬姿勢に戻る可能性もある。アメリカ、中国、日本、台湾のいずれにとっても百害あって一利もない戦争を避けるために、日本は何をすべきか考えてみた。

台湾有事　日本の選択　　目次

第4章　つくられた危機　107

第5章　「台湾有事」——アメリカはどう動くのか

写真提供／朝日新聞社

第1章　日本の参戦は条約と憲法に違反

日本もアメリカも「一つの中国」

「台湾有事」が起きた際、日本はアメリカとともに戦うべきだと論じる人々は台湾が独立国家であると思っている様子だ。

1972年9月29日、田中角栄総理が中国の周恩来国務院総理と会談し、「日中共同声明」を発して署名し、その中の（2）で「日本国政府は、中華人民共和国政府が中国の唯一の合法政府であることを承認する」、（3）で「中華人民共和国政府は、台湾が中華人民共和国の領土の不可分の一部であることを重ねて表明する。日本国政府は、この中華人民共和国政府の立場を十分理解し、尊重し、ポツダム宣言第八項に基づく立場を堅持する」と定めた（巻末資料参照）。

その6年後の1978年8月12日、日本は園田直外務大臣が北京で中華人民共和国の黄華外交部長とともに「日中平和友好条約」に署名調印した。この条約は1972年の「日中共同声明」を再確認し「前記の共同声明に示された諸原則が厳格に遵守されるべ

日中共同声明に調印する田中角栄首相と周恩来国務院総理

きこと」と定めている（巻末資料参照）。

「日中平和友好条約」は同年10月18日、国会で圧倒的多数で承認され、23日に批准(ひじゅん)されて、昭和天皇が御名を署され御璽(ぎょじ)を押されて中国に渡された。

中国との国交正常化は日本政府にとり外交の大成果で、「日中共同声明」が出された直後、1972年12月10日に投票日を迎えた衆議院議員選挙では、自民党のポスターに国交正常化を記念して中国から贈られたパンダのイラストを配して、候補者、党員、支持者がパンダのワッペンを胸に着けて戦った。

「日中共同声明」が出される前年の1971年7月、リチャード・ニクソン・アメリカ大統領の安全保障問題担当補佐官、ヘンリー・キッシンジャー氏は秘密で訪中、周恩来首相と会談、ニクソン大統領訪中で合意した。

当時アメリカは、1964年から始めたベトナム戦争で苦戦し、アメリカ国内では反戦論が高まっていた。だが、南ベトナム政権を見捨てて全面撤退をすれば、アメリカの面目は丸つぶれだから、北ベトナムを支援してきた中国に取り入って、しばらくは南ベトナムの政権を保ってもらって撤退しようとしていた。

一方、中国はソ連の反対を無視して核開発をし1964年10月に核実験を行うなど独自路線を進み、ソ連がアメリカとの雪解けに向かおうとするのを嘲笑し、ソ連軍と中国軍はしばしば国境で衝突、ソ連軍はモンゴル駐屯の兵力を増強し、中国に予防戦争を仕掛ける構えで威嚇(いかく)していた。1958年から62年にかけて、毛沢東主席が指導した「大躍進」政策は失敗して大飢饉にあえぎ、続く「文化大革命」でさらに疲弊した中国にとりアメリカがベトナムの泥沼から足を抜こうとして和解を求めてきたのはもっけの幸いで、アメリカとの経済関係が開かれ、国連安全保障理事会の常任理事国にまでなれると知れば、アメリカの申し出に飛びついたのは当然だ。

ひたすらアメリカに追随してソ連、中国を仮想敵としていた日本政府は、アメリカが事前に日本に知らせず突然中国と和解したことに仰天し怒ったが、中国とアメリカが協力し共にソ連に対抗することになったのは、歓迎すべき転換だった。

アメリカも「異論を唱えない」

ニクソン大統領は、1972年2月に訪中し、毛沢東主席と会談。「米中共同声明（上海（シャンハイ）コミュニケ）」を発表した。その中には、「中国は一つであり、台湾は中国の一部である」との中国の主張をアメリカが「認識（Acknowledge）」し「異論を唱えない」としている（巻末資料参照）。アメリカの一部では後日、「これは承認（Recognize）とは異なる」との説も出たが、「認識」であっても「承認」であっても、「異論を唱えない」ことに変わりはないであろう。

ニクソン大統領の訪中並びに毛沢東主席との会談で米中国交回復の大筋は決定したが、正式の国交正常化は、日本が「日中平和友好条約」を批准したより約2か月以上遅れの

1979年1月1日。鄧小平（とうしょうへい）副主席が訪米し、ジミー・カーター大統領との合意で実現し、アメリカは台湾の「中華民国」と国交を断絶、アメリカ軍は台湾から引き揚げた。

カーター政権は、ソ連に対抗上中国の抱き込みを図るとともに将来の中国の巨大市場確保のため、中国との友好関係拡大を考えたようだ。だが、日本やイギリスと違い議院内閣制でないアメリカでは、議会の多数派と大統領の見解が一致しないことがよくある。また党による議員拘束もなく、予算と立法権は議会にあるから、ロビイスト（lobbyist）の影響は少なくない。「台湾を見捨てるのか」との議員の声は強く、議会は1979年4月、「台湾関係法（Taiwan Relations Act）」を可決した。

この法律は「1979年以前の台湾との条約、協定を維持、台湾を外国の国家、政府と同等に扱う」など、アメリカ政府の対中関係を困難にする条項が多い。ただ、武器の輸出、供与については、「防御的な兵器を台湾に供給する」と防衛用だけに制限し、「アメリカは台湾人民を脅かすことに対抗し得る防衛力を維持する」にとどめ、その防衛力を行使して台湾を守ることを義務化することを避けている。同様に、日米安保条約でも、日本への攻撃があった場合は「自国の憲法上の規定、手続きに従って行動する」として、アメリカの判断によることができる（巻末資料参照）。

アメリカ政府は今日まで何度も「一つの中国」政策と台湾の「現状維持」を唱え、「台湾防衛の義務はない」と表明、台湾独立支援に積極的ではないが、議会には反中国の強硬派で台湾独立を煽る議員もいるし、中国側はそれに対抗する姿勢を示すから、中国の巨大化につれ米中関係は険悪になりつつある。

「日中平和友好条約」の効力は10年。その後は1年前に文書で予告して終了できる。「日米安全保障条約」と同じだ。締結は1978年だから「情勢が変わった」として中国に条約の終了を通告することはできるが、世界181か国が中国と国交を結んでいるのに、日本だけが逆方向に動いて平和友好条約を破棄するような突飛なことをすることは考え難い。

日本が条約で認めたように台湾が中国領であり、北京の「中華人民共和国」が中国の唯一の合法政府であるとすれば、台湾に残っている「中華民国」は蔣介石政府の残党の反政府集団ということになる。それが分離独立を求めて蜂起すれば内乱であり、政府軍がそれを鎮定するのは合法だ。

「日中平和友好条約」がある以上、仮にアメリカが台湾独立を目指して中国と戦争になった場合、日本がアメリカに協力して戦うことは「日中平和友好条約」違反で、「日本国が締結した条約及び確立された国際法規は、これを誠実に遵守することを必要とする」と定めている日本国憲法98条第2項にも反する（巻末資料参照）。

また、「国連憲章」は国連加盟国に対して、第51条により武力攻撃が発生した場合の一時的自衛権行使か、第42条により国連安全保障理事会が必要と認めた場合にしか武力行使を許していない。

台湾の「中華民国」は国連加盟国ではなく、日本は台湾を中国の一部であると認めているから、それを分離独立させようとして介入、武力行使をするのは、国際法違反で、まさに今日のロシアがウクライナに対して行っているのと同様の侵略行為だ。

防衛省も外務省も説明できない

日本政府は「台湾有事を念頭に置いて」と公言して自衛隊とアメリカ軍の共同演習を

行ったり、自衛隊とアメリカ軍の協力体制を強化しているが、それは「日中平和友好条約」などと矛盾すると思い、防衛省に「どのように法的整理をしているのか」と聞いてみた。

2日ほど後に「省内で話し合ったがよくわかりません。条約の問題だから外務省に聞いてください」と言ってきた。外務省条約課に聞くと「日中共同声明」と「日中平和友好条約」を読み上げるので「それは知っています。条約がありながら、台湾有事を念頭に置くと公言してアメリカ軍と共同演習をするのはいかがなものか」と言うと、「演習しているのは外務省ではありません。防衛省ですからそちらに聞いてください」と言う。

典型的な責任のなすり合いの「キャッチボール」で「そうとしか答えようがあるまい」と苦笑するしかなかった。

野党も新聞、テレビも、政府の言動の矛盾を突かないのは不思議だ。田中角栄首相と周恩来首相の共同声明は1972年で50年以上も昔の話だから、今日の政治家、記者やテレビで解説する学者も当時は幼児か生誕前でそれを知らないのかとも思うが、日中関係を論じ、報道する人々が「日中共同声明」と「日中平和友好条約」を読んでいないなら、あまりにも無知・無責任だ。

反中国の風潮が強くなり「親中派」と言われるのを恐れているのかとも考えるが、憲法98条の「条約、国際法の遵守」は占領軍が起草した9条のように特異な規定ではなく、世界共通の倫理だけに98条に反する政策の是非は論議されるべきであろう。

反乱軍を制圧するのは正当

ウクライナでは2014年、クリミア半島で人口の約6割を占めるロシア系住民が独立やロシアへの併合を求めて蜂起し、ほとんど無血で目的を果たした。その熱気はウクライナ東部2州に伝染し、ロシア系集団が州の庁舎などを占拠し「ドネツク共和国」「ルハンスク共和国」を自称して独立を宣言、一部の地域を支配した。ロシアは8年間2州の独立を認めなかったが、「人道支援」などを口実に反乱軍を援助していたようだ。

当然、ウクライナ政府軍は反徒を討伐しようと何度も出動したが、反乱軍に撃退された。ウクライナ政府は内乱を鎮定できず、2回の停戦協定がドイツ、フランスなどの仲介で成立したが、すぐに戦闘は再燃した。ついにロシアは国境地帯で大演習をして威嚇したが、ウクライナはそれに屈しなかった。

拳を振り上げたロシアは簡単にウクライナを制圧できると見て侵攻したが、外国の支援を得たウクライナ軍は善戦し、ロシアは長期戦の泥沼に陥ることになった。

内戦が起きた際に政府軍が反乱軍を制圧するのは当然で、アメリカの南部11州が政府から離脱してコンフェデレイト政府（アメリカ連合国　1861〜65年）を結成、ジェファソン・デービス元陸軍長官がその大統領となり、バージニア州リッチモンドを首都として、エイブラハム・リンカーン大統領が率いる北部23州のユニオン（連邦）軍と4年間の激戦を繰り広げた（1861〜65年）。北軍の死者は病死を含め36万人、南軍の死者は29万人、当時のアメリカの人口2300万人に対して大変な犠牲者が出たが、リンカーン大統領がそれにより非難されることはなかった。

日本では、西南戦争（1877年）で薩摩軍に6800人、官軍に6400人の死者が出たが、官軍を九州に送った明治政府の責任ではない。戊辰戦争後に幕府の軍艦奉行・榎本武揚が艦隊を率い脱走、箱館の五稜郭で「蝦夷共和国」を作ろうとしたのは、中国の国共内戦で敗退した蔣介石が台湾に脱出、再起を図ったのと少し似ているが、旧幕臣の反乱軍は簡単に制圧された。

今日の日本でも一般の警察力では治安を維持できない場合、内閣総理大臣は自衛隊の出動を命じることができ(「自衛隊法」七十八条)、武器の使用も認められる(同九十条)。「台湾有事」について、政治家、メディアには「第2のウクライナ戦争」という人も少なくないが、もしアメリカが台湾の分離独立を支援して介入し米中戦争になれば、アメリカはウクライナに対するロシアの侵攻と同じことをする形になる。日本がそれに加われば、中国軍は日本のアメリカ軍基地や自衛隊の艦船、航空機を攻撃し「日中平和友好条約」は霧消することになるだろう。

逆に中国側が台湾統一を目指して武力行使に出た場合、それは政府軍と反政府軍の内戦だからアメリカ人が「中国軍の侵攻」というのは法的には正しくない。

アメリカでは、インド太平洋軍司令官フィリップ・デービッドソン大将が2021年3月、上院軍事委員会で「今後6年以内(2027年まで)に中国が台湾に侵攻する可能性がある」と述べたのを皮切りに、軍とCIA(アメリカ中央情報局)の高官たちが中国の台湾攻撃の可能性を唱えている。

アメリカ軍の司令官たちが予算を決める軍事委員会で脅威を誇張するのは通例だし、「2027年説」の根拠は中国の人民解放軍の建軍百周年記念だから、という薄弱なものらしい。中国の3隻目の空母や建造中の多数の大型揚陸艦がその頃までに就役するという理由もあるようだが、それでも海軍戦力が劣勢な中国が能動的にアメリカ相手の大戦争に踏み切るとは考え難い。

矛盾だらけの「安保3文書」

日本政府は2022年12月16日の臨時閣議で「国家安全保障戦略」「国家防衛戦略」「防衛力整備計画」の3文書を決定した。

「国家安全保障戦略」の策定の趣旨には、「2013年に我が国初の国家安全保障戦略（平成25年12月17日国家安全保障会議決定及び閣議決定）が策定され、我が国は、国際協調を旨とする積極的平和主義の下での平和安全法制の制定により、安全保障上の事態に切れ目なく対応できる枠組みを整えた。本戦略に基づく戦略的な指針と施策は、その枠組みに基づき、我が国の安全保障に関する基本的な原則を維持しつつ、戦後の我が国の安全保障政策を実践面から大きく転換するものである」と書かれている。

その言葉通り、現在の世界情勢について、軍備にとどまらずさまざまな視点から一通り述べられているが、3文書は基本的には2027年に中国が台湾を攻撃、日本との戦争になることを念頭に置き、日本がそれに備えて防衛力の抜本的増強、アメリカ軍との連携の強化をする計画を公表したものだ。

「台湾有事」に対処する戦略を語るなら、それに至る理由と大義を示すべきだろうが、「国家安全保障戦略」は、台湾との関係について「1972年の日中共同声明を踏まえ、非政府間の実務関係として維持してきており、台湾に関する基本的な立場に変更はない」と言うだけだ。「台湾海峡の平和と両岸の安定は、国際社会の安全と繁栄に不可欠な要素であり、両岸問題の平和解決を期待するとの我が国の立場の下、さまざまな取組を継続していく」としているにもかかわらず、なぜ日本が台湾の独立か統一かを巡る紛争に軍事的な介入をする必要があるのか、国民に説明できていない。

「日中共同声明」で日本は中華人民共和国政府が中国の唯一の合法政権であることを認め、台湾が中国領土の不可分の一部であるという中国の立場を理解し尊重すると定めている。その立場に変更がないなら、日本は「台湾有事」に介入することはあり得ないはずだ。

だが日本が進めつつある防衛力の拡充やアメリカとの軍事的連携の強化は中国を仮想敵として戦う準備をしていることは明白だ。

防衛費を2倍にして導入する長距離ミサイルなどの攻撃用の装備はその証拠だが、南西諸島にそれを配備し、自衛隊の基地を新設、部隊を増強していることは「台湾に関する日本の立場を抜本的に転換するもの」と言わざるを得ない。

防衛省はすでに鹿児島県の奄美(あまみ)大島、沖縄県の宮古(みやこ)島、石垣(いしがき)島に陸上自衛隊の駐屯地を開設し、ミサイル「12式装対艦誘導弾(射程200㎞)」と対空ミサイル「3式中距離地対空誘導弾」を組み合わせたミサイル部隊を配備、沿岸監視部隊がいる与那国(よなぐに)島にもミサイル部隊を置くことを検討中と言う。

沖縄本島では対空ミサイルは以前からあったが、2023年度に対艦ミサイルをうるま市の勝連分屯地に配備する計画だ。また陸上自衛隊第15旅団は増員して師団に格上げする。大きな弾薬庫の建設も予定されている。航空自衛隊は２０２３年1月に、鹿児島県種子島に近い無人の馬毛島に基地の建設を開始、4年で完成計画だ。

政府は宮古島に４５００人が3日間過ごせる物資を入れる退避壕を建設する方針を固めており、他の島にも退避壕を造ることを検討している。

「島に攻撃用ミサイルを配備すれば相手はそれを叩こうとミサイルや航空機で攻撃してくるだろう」との住民の不安を除くために退避壕は確かにないよりましだが、戦争が長期化すれば住民は地下に籠って辛い思いをすることになる。

また戦争になれば中国軍は南西諸島だけでなく、日本全土のアメリカ軍、自衛隊基地をはじめ交通の要衝、発電所、石油やガスのタンク、工場など准軍事目標を狙う公算が高いから、日本は至る所に退避壕を設ける必要が出る。

中国は九州沖から沖縄、台湾をへてフィリピンに至る「第1列島線」をアメリカ軍に対する「第1列島線」と想定している。本来これは技術的に優位なアメリカ海軍が中国沿岸に接近するのを列島を楯として防ごうとする戦略で、もし中国海軍が列島線を抜けて太平洋に出動すればアメリカの原子力潜水艦や空母の標的となりそうだ。

中国はロシアのウクライナ侵略を非難しないため「安全保障上の懸念」があるとアメリカは主張するが、インドもロシアを非難しないのに、アメリカ、日本、インド、オーストラリアのクワッド（ＱＵＡＤ）に加盟しており、同盟政策に矛盾がある。

抑止効果が疑わしいスタンド・オフ・ミサイル

日本は２０２３年度から5か年の防衛費総額をＧＤＰの２％、約43・５兆円にする計画で、２０１９～23年度の７・５倍以上になる。大口の調達は敵のミサイルの射程圏外から発射する「スタンド・オフ・ミサイル」で、アメリカ軍が１９７０年代に初期型を採用した旧式の巡航ミサイル「トマホーク（射程１６５０㎞）」２００発を輸入、国産の「12式地対艦誘導弾能力向上型（射程１５００㎞）」を開発中だ。

他にも高速ミサイルなどを導入する計画で、２０２３年度から27年度までに5兆円を予定している。また偵察用の無人ヘリ「ドローン」各種など無人兵器が増えそうだ。

「スタンド・オフ・ミサイル」が安全保障にどんな効果があるかは疑わしい。相手がミサイルを発射したのに反撃し、こちらも発射し撃ち合いになれば双方の被害者が多くなるだけで、費用対効果は高くない。「スタンド・オフ・ミサイル」を持っていて、相手が報復攻撃を恐れてミサイルを発射しないほど慎重であってくれれば抑止効果があるが、戦争が始まっていれば大砲でも空爆でも反撃に対して再反撃をするのが一般的だ。

中国の名目GDPは18・1兆ドルで日本（4・2兆ドル）の4・3倍（2022年）。2023年度の中国の防衛費は日本円で30・5兆円となり、日本（6・8兆円）の4・5倍。日本が今後防衛費をGDPの2％にしても2倍以上の差がある。ミサイルの撃ち合いなど長期戦を続ければ日本は不利だ。

「国家安全保障戦略」では軍事だけでなく、エネルギー、食糧など有事の際に国民生活に不可欠な資源を確保する政策を進めるとし、資源国との関係を強化したり、再生可能エネルギーや原子力の最大限の活用、食糧の生産の増大などを述べ、シーレーン確保のため海上保安庁との連携や沿岸国との協力などを語っている。「国家安全保障戦略」では直接言及していないが、反中国論者には「中国が台湾や南西諸島を支配すれば中東から石油を運ぶ日本のシーレーンが寸断され、国の存亡にかかわる。自衛隊を台湾防衛に出すべきだ」と言う人が少なくない。

だが、中東から日本に向かうタンカーはマラッカ海峡から南シナ海を抜けるのが危険ならば、インドネシアのバリ島東方のロンボク海峡を抜け、フィリピンの東を北上して日本に航行することができる。片道4日ほど遠回りになるが、大型タンカーは30万t（3億リットル）を積み、乗組員は20人余で1日約700kmを航行するから効率は極めて良く、マラッカ海峡を避けてロンボク海峡を通っても運賃の差はリットル当たり1円以下だろう。

問題は日本の港に着いた後だ。タンカーが所定の位置に停泊し、海底の石油パイプをつないで陸上のタンクに石油を送っている時にミサイル攻撃を受ければ逃げようがない。ミサイル防衛用のミサイルを港の周囲に配置し迎撃できればよいが、相手がほぼ同時に数発を撃ってくればすべてを迎撃するのは困難だ。

中国の最北東部吉林省から東京湾、大阪湾などの主要港は約1200kmの距離で中射程の弾道ミサイル、巡航ミサイルの射程内だ。タンカーはミサイルが落下してくる港に入ることを忌避するだろうし、食糧を運ぶ貨物船も同様だ。

「国家防衛戦略」には、防衛上の課題として「どの国も一国では自国の安全を守ることはできない中、外部からの侵攻を抑止するためには、共同して侵攻に対処する意思と能力を持つ同盟国との重要性が再認識されている」とある。

1914年6月、オーストリア皇太子夫妻がセルビア人に射殺された事件で、オーストリア・ハンガリー帝国がセルビアに宣戦布告をすると1週間のうちに欧州大戦に拡大し、最終的には25か国が参戦、1600万人が死亡した第1次世界大戦になった。これは同盟国網が導火線になっていたためで、同盟国網がなければオーストリアとセルビア間の局地戦争で済んだはずだった。

この惨禍で同盟の危険性が認識され、ウッドロウ・ウイルソン・アメリカ大統領は同盟に代えて「国際連盟」を創設し紛争拡大を防ぐことを提案した。

だが、外国の問題に干渉したくないアメリカ議会は国際連盟加盟を阻止、他の諸国も自国の利益を重んじイタリアがエチオピアに侵攻しても経済制裁をしないなど、非協力だったため第2次世界大戦を防げなかった。

この戦時中東欧諸国を占領したソ連は戦後もその地域を支配し、アメリカが「NATO（北大西洋条約機構）」を作るとソ連は「ワルシャワ条約機構」を結成し対抗、第1次世界大戦前と似た同盟網の対立となった。

米ソ両大国は互いに巨大な軍隊の衝突、特に核戦争を避けたため、確かに70年以上世界大戦は起きていないが、朝鮮、ベトナムでは100万人を超える死者が出る大規模な戦争が起き、他にも多くの「代理戦争」があったから、同盟網が戦争を抑止したとはとても言えない。

特にアメリカは、ベトナム、イラク、アフガニスタン、イラン・イラク戦争、シリア内戦などで財力にものを言わせて大量に現地人、外国人傭兵を集めて戦わせてきた。

アメリカが18兆ドル（約2500兆円）という途方もない対外純債務国になった今日、金で外国人傭兵に頼るということは財政上許されないから同盟国の兵力を動員しようと努めるだろう。

自衛隊員が南ベトナム兵やイラク政府軍兵、アフガン部族兵のように矢面（やおもて）に立たされることがあってはならない。日本が直接侵略にさらされれば、自衛隊員は命を掛けて戦うだろうが、例えばアメリカの対中強硬派が政権を握り、台湾人の大多数が求めてもいない「台湾独立」を支援して中国と戦争になった場合、自衛隊員の多くが進んで台湾に出動するとは思えない。

自衛隊は今でも隊員の募集に苦心しているのに応募者は激減するだろう。自衛隊は、日本を守るべきなのだ。

サイバー防衛は必要だが

一方「国家安全保障戦略」には「これは必要で抜本的な政策」と目を見張るような計画もある。「サイバー安全保障分野での対応能力の向上」がそれだ。

公共施設（水道、電気、交通、通信など）や銀行、工場などの企業へのサイバー攻撃は社会を混乱させ、情報の窃取とそれを使っての脅迫などの犯罪が起き、政府、軍の機密情報の収集などで国家に対し重大な損害を与えるが、どこの誰が犯人か判明しないことが多く、一種の戦争と言えよう。出所を探り反撃するには高度の技術を要する。他国の政府や民間事業者との協力も必要だが、日本は従来その危険に鈍感で欧米諸国に比べ、サイバー攻撃への対処技術で遅れてきた。ここでは「サイバー空間の安全かつ安定した利用、特に国や重要インフラ分野での対応能力を欧米主要国と同等以上に向上させる」としている。

防衛省は2022年3月17日、陸海空3自衛隊のサイバー関連部隊を再編して「自衛隊サイバー防衛隊」を540人で発足した。「防衛力整備計画」には「これらの取組を行う組織全体としての能力を強化するため、2027年度を目途に、自衛隊サイバー防衛隊等のサイバー関連部隊を約4000人に拡充し、さらに、システム調達や維持運営関連業務に従事する隊員に対する教育を実施する。これにより、2027年度を目途に、サイバー関連部隊要員と合わせて防衛省・自衛隊のサイバー要員を約2万人体制とし、将来的には、さらなる拡充を目指す」と具体的な目標が示されている。

2万人のサイバー防衛部隊を新たに編成するのは第1次世界大戦末期にイギリスが陸、海軍の航空隊員を集めて世界初の「空軍」を作ったのに似ている。「サイバー軍」は民間企業などに対するサイバー攻撃の出所を突きとめ、サイバー攻撃で反撃することも考えている様子で、多くの民間人に感謝されるだろう。

だがそれだけの人材が2027年までに確保できるのか、また、同盟国内の悪者が行うサイバー攻撃に自衛隊は反撃できるのかなど、疑問もある。

「国家防衛戦略」には「国際の平和及び安全の維持に関する主要な責任を負う国連安保理常任理事国であり、核兵器国でもあるロシアが、ウクライナを公然と侵略し、核兵器による威嚇ともとれる言動を繰り返す、前代未聞といえる事態が生起している」と書かれている。「前代未聞の事態」とあるが、ロシアもアメリカもこれまで何度となく「国連憲章」を無視して他国に侵攻したこと、また、核の使用をちらつかせたことは、安全保障に関心を持つ人々にとり周知の事実であり、この文書を書いた人はそれを知らないのか意図的にそれを無視したのかと首を傾げざるを得なかった。

最近の顕著な例はアメリカが2003年3月から始めたイラク戦争だ。国連の安保理事会は、アメリカが求めた武力行使容認の決議を認めなかったが、ジョージ・W・ブッシュ大統領（子）はイラク攻撃に踏み切った。これは全く違法な侵略行為だった。このほかにも、ベトナム、キューバ、パナマ、グレナダ、セルビア、アフガニスタンと、攻撃は枚挙に暇（いとま）がない。これらの詳細については後の章に譲ることにする。

一方、ソ連は第2次世界大戦中に占領した東欧諸国を戦後も支配したが、東ドイツ、ハンガリー、ポーランド、チェコスロバキアで次々と反ソ連暴動が起き、ソ連は出兵して制圧した。だが、アフガニスタンでは29州中21州がイスラム教ゲリラに支配され、ソ連は１９７９年から約11万人の兵力を送って制圧しようとしたが、アフガニスタン人は天性のゲリラ戦士であり、ソ連軍の補給が困難な地形だったから、ソ連軍は8年の苦戦の末撤退した。ソ連が軍事的威信を失ったため東欧諸国は次々に離反、国民の信頼も失って、ソ連は崩壊した。

ソ連軍のアフガニスタンでの敗北はアメリカ軍のベトナム、アフガニスタンからの撤退と並ぶ世界史上の大事件だったといえよう。

安全保障政策に関して国民の理解を得ることが重要だ。全部を読んで理解するには専門的な知識と忍耐を必要とする。安保3文書を国民が理解できるよう「なぜ、いま防衛力の抜本的強化が必要なのか」という資料が作成され、写真や図表を駆使して素人にもわかりやすく解説されている。

「我が国は、戦後、最も厳しく複雑な安全保障環境に直面」と言われ、周辺国の軍備費が急速に拡大、戦艦や戦闘機の数が増大しているグラフを見せられれば誰しも危機感に襲われ「日本も軍備拡大を急がなければ」という気持ちになる。これらの数値は現実のもので偽りはない。

しかし、グラフは同じ値でも数字の取り方で急にも穏やかにもなる。そこに右肩上がりに大きくなる矢印を添えて危機感がさらに煽られるが、潜水艦や護衛艦、戦闘機については数だけではなく、それらの能力についても考慮しなければならない。

「Q&A」で「中国、北朝鮮、ロシアを念頭に置いているのですか」との質問に「特定の国や地域を脅威とみなし、これに軍事的に対抗していくという発想に立っているわけではありません」と答えているが、果たしてそうか。疑問を持たざるを得ない。

一方、中国のGDPの伸びは急速で、軍事費の増加率はそれとほぼ等しいことには言及せず、ソ連崩壊後極東のロシア軍の兵力は極度に縮小したことにも触れておらず、防衛予算拡大のための宣伝文書に堕した感がある。国民の大多数は防衛力の保持には賛成なのだから、防衛当局はなるべく客観的、公正な情報を提示することで尊敬、信頼を得られると考える。

第2章　現状維持が本音

中国の「反国家分裂法」は「現状維持法」

中国では、１９５８年から62年にかけ毛沢東主席が指導した「大躍進」政策の失敗で３０００万人と言われる餓死者が出た。１９６６年から76年まで続いた「文化大革命」で大混乱を起こした中国は市場経済主義に転向し、50年たたぬ間に世界第２の経済大国になり、名目ＧＤＰは額面で18兆１０００億４４００万ドル、アメリカ（25兆４６４４億７５００万ドル）の71％（２０２２年）、物価の違いを換算した購買力平価では既に１位となっている。

この興隆は清朝中期の康熙(こうき)、雍正(ようせい)、乾隆(けんりゅう)と３代続いた有能な皇帝の盛時を思わせるが、当時は「文字の獄」と言われた言論弾圧も起きて史上の汚点となった。

現実主義者、鄧小平氏が政権を握った１９７８年以来、中国は市場経済、対外開放の道をひた走り、２００４年３月に憲法を改正、第13条で私有財産権だけでなく、相続権の保護を定めた。これは共産主義の根幹を否定したものだ。

アメリカの経済誌『フォーブス』の世界長者番付2023年版では10億ドル以上の資産家はアメリカの735人に次ぎ中国に562人（香港・マカオを含む）がいる。日本は39人だ。アメリカでは遺産1000万ドル以上を受けた人しか遺産税はかからず、中国は相続税がないから資本家の天国だ。

世界最大の中国工商銀行はアメリカ本部をニューヨークのトランプタワーに置き、中国の対外純資産（貸し借りを合算）は香港を含み4・1兆ドル（574兆円）余で日本は3・6兆ドル（504兆円）余だ。一方アメリカは、最大の債務国で対外純債務が18兆ドル（2520兆円）を超える。第2の純債務国スペインの約9800億ドルの18・5倍に達する途方もない借金だ（いずれも2021年）。中国の証券取引所は上海と深圳（シンセン）にあるが、上海だけでロンドン、東京をしのぐ取引額だ。

こんな共産主義国があるわけがない。中国憲法には今も「社会主義」の原則が載っているが、これは古い看板が残ったような形で実際にはアメリカと一、二を争う巨大資本主義国だ。中国政府は「中国の制度は特色を持つ社会主義」と言うが、言い訳に聞こえる。日本が相当有力な防衛力を持ちながら「自衛隊は軍隊ではない」と苦しい弁解をしてきたのと似ている。日本、アメリカの反中国派は中国を「共産主義国」と言う。その方が恐ろしそうに聞こえるからだろうが、これは「日本は憲法9条があるから非武装国家だ」と言うに等しい。

中国では古来王の地位を簒奪(さんだつ)した臣下が「王から譲りを受けた」と「禅譲」を主張し、しばらくは王を遇して王朝の名を変えず、巧妙に政権を握ることがあった。日本でも、藤原氏、源氏、徳川氏などが実権を握り、天皇の御命令で国を統治している形にした。「大躍進」と「紅衛兵」で失策を続けた毛沢東を権力の座から排除し、実権を握って市場経済を導入して成功した「走資派」が今も「社会主義」を標榜するのは、徳川時代の将軍、大名たちが朝廷から官位を戴(いただ)き正統性を確保したのに似ている感がある。

実権派は「改革開放政策」で中国をアメリカに並ぶ巨大な資本主義国にし、軍の近代化にも成功したが、もし台湾を名実共に中華人民共和国の一部にしようとしてアメリカと戦争になれば、この50年余営々として築いた経済超大国は重大な損害を被(こうむ)る結果になる。台湾の港への商船の入港を妨害する「兵糧(ひょうろう)攻め」で台湾の独立派を屈服させても、現在のように親密な相互依存関係が回復することは期待できないだろう。

アメリカ軍との多数のミサイルの撃ち合いや航空攻撃で中国の工場や交通の要衝、インフラストラクチャーが破壊され、現在世界最大の貿易国である中国の対外関係の断絶が長期化する公算が大きいし、外国からの投資も減少する。実利にさとい中国国民が、現在順調な台湾との関係を破壊し、百害あって一利なしの戦争を歓迎支持するとは思えない。

習近平主席をはじめ中国指導者たちがそれを考えないはずはないが、もしあえて台湾の制圧を目指して武力行使をすれば、歴史に名を残してもそれは名誉ではなく、暴君の愚行の記録となろう。

中国は2005年3月14日の全国人民代表大会で採用された「反国家分裂法」で台湾「統一のためには武力行使を辞せず」と宣言したように日本では言われた。だが、全文を読んでみると「一つの中国」と「平和統一」をうたい、第8条で「台湾独立を掲げる分裂勢力がいかなる名目で、いかなる形で台湾を中国から分裂させるという事実、または台湾の中国からの分裂を引き起こす可能性のある重大な事変、または平和統一の可能性が完全に失われた場合、国は非平和的手段やその他の必要な措置をとり、国家主権と領土保全を守らなければならない」とする。第9条では「本法の規定に基づいて非平和的手段やその他の必要な措置をとり、実行を手配する時、国は台湾の一般的市民と台湾在住の外国人の生命と資産の安全およびその他の正当な権益を保護し、損失を減らすよう最大限の可能性を尽くす。同時に、国は法に基づいて台湾同胞の、中国の他地域における権利と利益を保護する」とも定めている。

この法律の8条をじっくり読めば中国は現在の状況を「分裂」と認めておらず、台湾が独立を宣言したり、独立派が反対派を虐殺するとか、外国軍を引き込んで分裂を図る、などの「事変」が起きるようなことがない限り、将来の平和統一を目指して協議していく姿勢を示している。「反国家分裂法」の本質は「現状維持法」と思われる。

習近平主席は2022年10月の党大会で「我々は最大の誠意と最大の努力を尽くし平和的統一の未来を勝ち取るが、決して武力行使の放棄を約束せず、あらゆる必要な措置を取る選択肢を残す。その対象は外部勢力の干渉と、ごく少数の台独派による分裂活動に向けたものであり、広範な台湾同胞に向けたものでは決してない。祖国の完全統一は必ず実現しなければならず、必ず実現できる」と述べた。

共産党大会の壇上に並ぶ習近平主席（左から3人目）たち

これは習近平主席が少数の台湾独立派に対し武力を行使する宣言のようにも受け取れ、日本ではそのような報道が多かったが、「未来」の平和統一への努力を語っているから、統一を急がない意思の表明であって、「反国家分裂法」の路線を踏襲している。
「武力行使の放棄を約束しない」のは威嚇的に聞こえるが、考えてみればどの国の政府も国を分裂させようとする輩（やから）が蜂起すれば取り締まるのが当然で、武力を行使しないという「約束はしない」のは当たり前だ。もし日本でそのような事態が起きれば政府は自衛隊に「治安出動」を命じることができる（「自衛隊法」七十八条）。台湾でそのような事態が起きないためには統一でも独立でもない台湾の現状維持が妥当と考える。

台湾と中国は親密な相互依存関係

アメリカと日本の反中国派の中には、中国と台湾は韓国と北朝鮮やかつての東西ドイツのような分裂国家で敵対関係にあるように思っている人も少なくないようだ。

だが、大局から見れば中華人民共和国と中華民国（台湾）は極めて親密な相互依存関係にあり、手を取り合うことにより、この20年以上、目覚ましい発展を遂げた。

中国は2002年から22年の間に名目GDPが1兆4658億2900万ドルから18兆1000億4400万ドルと、12・3倍になり、元から一人当たりのGDPが中国の12倍あった台湾も同じ20年間に名目GDPが3074億3900万ドルから7616億9100万ドルと、2・5倍になった。経済的には既に一体化に近い状態だ。

2021年の台湾の輸出の28・2％（1259億3000万ドル）は中国向け、香港向けが14・1％（629億7400万ドル）だから合計42・3％になる。アメリカ向けは14・

7％（656億8600万ドル）だった。台湾の輸入は2021年で中国からが21・6％（824億7200万ドル）、日本からが14・7％（561億3000万ドル）、アメリカからは10・3％（391億4000万ドル）だ。台湾の輸出品目の35・4％（1230億6000万ドル）は集積回路、通信機器が4・8％（165億6300万ドル）で（いずれも2020年）、中国にとり台湾からの部品輸入は不可欠だ。

大陸に進出している台湾企業は約2万8000社と言われ、2010年代（10年間）の海外投資の50・9％、香港の2・4％を加えると53・3％になる。かつては70％だったが中国の人件費や地価が高くなり、東南アジアへの投資が増えたとはいえ、アメリカへの投資は4・7％、日本へは4・4％であるのと比べれば、なお台湾の大陸への投資は圧倒的に大きい。

また、台湾人約100万人が大陸で経営者・技師、熟練工などとして勤務し、台湾の就業者は1114万人だからその1割程に当たる人々は大陸で働いていることになる。台湾の失業率は3％台だから多分職がないわけではなく、大陸に進出した企業は魅力的な職場なのだろう。

中国大陸と台湾の親密さを示す指標の一つは航空便だ。2008年に海峡両岸間の通信、通商、通行の自由を認める「3通」が完成、中台間に直通定期航空便の運航が始まった。これは年々拡大し、2019年12月にコロナ禍が発生する前には月に1345便もの定期便が飛び交っていた。台湾には主要国際空港が4か所開設され、大陸側50都市の空港に飛んでいたから便数が多いのだ。仕事のために往復する乗客だけでなく、互いに観光や親族訪問も多く2019年には大陸から観光客271万人が台湾を訪れた。

観光旅行者の数が示すように、大陸に住む中国人と台湾に住む中国人の間には敵対感情はないようだが、台湾の中では第2次世界大戦前から台湾にいた「本省人」と戦後中国大陸で中国共産党軍に敗れ台湾に逃げ込んだ将兵と家族など「外省人」の間には、蒋介石時代の「白色テロ」など激しい対立が起きた。

台湾の「本省人」と「外省人」の関係

台湾は日清戦争の結果1895年に日本に割譲されたが、清朝の巡撫(じゅんぶ)（知事に当たる）

唐景崧が「台湾民主国」の独立を宣言し、約5万人の兵と民兵を率い、進駐した日本軍に対抗した。4か月の戦闘で平定されたが、日本軍にはチフス、マラリアなどにより、7000人以上の病死者が出た。

その後50年間の日本の統治は比較的温和で近代化が進み生活水準が高くなったから、約2世代日本国民だった住民の多くは親日的だった。

しかし日本人による支配、特に進学、昇任の差に反発する感情も当然あったから、第2次世界大戦後、台湾が中国に返還されたことを台湾人は喜び、大陸での内戦に敗れた蔣介石の国民軍が大挙台湾に流入するのを当初は歓迎した。だが、国民党軍の腐敗、規律の悪さは本土での内戦中にも甚だしく、民衆の反感を招いたことが敗北の主因となり、支援していたアメリカ軍幹部たちも国民党軍を見限るほどだった。

台湾に逃げ込んだ国民党軍兵士の横暴、略奪に怒った「本省人」は「犬去豚来（うるさいが正直な日本人が去り、貪欲な豚が来た）」と嘲笑した。

「外省人」の横暴に対し溜まっていた「本省人」の怒りは、1947年2月27日台北で専売局員が煙草売りの女性を銃床で殴って負傷させ、それを取り囲んで抗議した民衆に発砲、1人を死亡させたことで爆発、大暴動になった。翌28日、日本軍歌「天に代りて不義を討つ」を合唱する大デモ隊が専売局に乱入すると憲兵が発砲し6人が死亡、少数が負傷した。デモ隊は放送局を占拠し日本語で全島に蜂起を呼びかけた。3月3日以降は武装反乱になり、一部では国民党軍を降伏させた。

だが、まだ大陸に残っていた国民党軍部隊が台湾に上陸、機関銃を撃ちまくって14日までに鎮圧した。その後、「危険人物」と見られた親日的な台湾人指導者、知識人、学生などの大量検挙が行われ、裁判なしに処刑されたのは2万8000人とされる。人口調査では行方不明者が11万人もいるため、亡命者を除いた約10万人が死亡したとの説もある。

蔣介石政権は暴動後全島に戒厳令を敷いて反政府派と見られた者約14万人を投獄して拷問、3000人ないし4000人を処刑した。それらは、共産党のスパイとして検挙したが、台湾独立派も多かったようだ。「本省人」は、1949年に敷かれた戒厳令が1987年に解除されるまで、官憲による「白色テロ」に怯えて生きてきた。アメリカ軍は1979年まで台湾に駐留していたが、この人権問題を制止しなかったようだ。

当時台湾の人口は600万人だったが、最終的には120万人の「外省人」が流入した。蔣介石が台湾に連れてきた将兵、役人、家族、従者などの「外省人」とその子孫は、今日台湾の人口の約13%と言語学者は判断している。台湾に流入した「外省人」は並みの難民ではなく、占領軍のような権力を振るい、軍人だけでなく、官吏、公的企業職員、教師などの席には「外省人」が就いた。特に新聞、ラジオは閩南（ビンナン）語と日本語しか使えない「本省人」は勤務できない。「今もメディアは『外省人』の砦（とりで）」と言う「本省人」もいる。官職に就けなかった有能な「本省人」は民間企業を興し、苦労の末に成功した経営者は主に「本省人」を雇ったから、「経済界では『本省人』が優勢」とも聞く。

台湾に籠った蔣介石「中華民国」の国民党軍は大陸沿岸の金門（きんもん）島、馬祖（ばそ）島を守り抜き、総員45万人の軍を作って「大陸反攻」を目指したが、1972年にリチャード・ニクソン・アメリカ大統領の訪中で米中が和解してその夢は消え、3年後、蔣介石は死去した。

台湾での徴兵で「本省人」の兵が多くなり、国民党軍は反乱を恐れた。「本省人」の中には士官学校を卒業して将校になる者もいたが、中佐以上には昇格せず、軍以外の職に就けた。大佐で連隊長になると駐屯地司令になるから「本省人」の兵を率いて反乱を起こすことを防ぐためだったようだ。

「外省人」の軍人は台湾が独立し「台湾人の台湾」になればまた外国に移住せざるを得ないと考え「台独（台湾独立派）」を「共産主義者」と同然に憎んで摘発に努めた。

蔣介石の長男で１９７８年に中華民国総統になった蔣経国は日本軍のシベリア出兵直後、ソ連が蔣介石を支援していた時期の１９２５年にソ連に留学、不安定なソ連の情勢の中で12年間苦労しただけに視野が広く、父の独裁政権を継承せず、台湾本島の戒厳令は１９８７年7月、38年ぶりに解除された。

蔣経国総統は１９８８年1月に死去、本省人の李登輝副総統が総統となって民主化と「台湾化」を進め、１９９６年初の民選総統となった。李登輝総統が中国と台湾は「特殊な国と国との関係」と「2国論」を唱えたが、中国は「1つの中国」を国是とし、アメリカ、日本を含む列国の同意を得て国連安保理事会の常任理事国にもなっていたから「2国論」に怒り、台湾近海に向けて弾道ミサイルを発射して威嚇した。アメリカは、台湾東方沖に空母2隻を派遣して対抗する構えを示した。

私はその時に台北にいたが、ミサイル発射はかえって台湾人の団結を強めたことを実

蔣介石の長男で1978年に中華民国総統になった蔣経国

感、他国の非難も招いて逆効果になったと報じた。

李登輝が総統となった当時、軍では数少ない「本省人」の将校を要職に就けて均衡を取ろうとしたが、周囲の将校たちは蔣介石についてきた元臣下やその子孫だから「本省人」抜擢の効果は疑わしい。李登輝総統は「国と国との関係」とは言ったが独立は宣言せず「既に実態がそうなっているのだから独立を言う必要はない」と言っていた。また独立か統一かで「本省人」と「外省人」の対立が起きることは好ましくないとも私に話していた。

台湾住民の約9割が現状維持を望む

蔣介石時代の「白色テロ」に怯えた「本省人」が自由になれば独立志向の民進党に傾くのは自然で、2000年の総統選挙で「本省人」で弁護士出身の陳水扁（ちんすいへん）氏が勝った。だが行政力が不十分で親族スキャンダルも続出、2004年の総統選では小差で辛勝した。

アメリカでは陳水扁氏が公的機関「中華郵政」の名があるのを「台湾郵政」に変更する「正名政策」など、中国を刺激する言動が多いことに危険を感じる論が出た。当時アメリカは経済・財政上、中国との関係を重視していたから、コリン・パウエル国務長官は「『台湾関係法』ではアメリカは台湾防衛の義務を負っていない」「アメリカは1つの中国政策を堅持し、台湾独立を支持しない」などと演説し、陳水扁総統を牽制（けんせい）していた。

台湾では一時衰亡するかに見えた国民党が対中国関係の改善を唱えて支持を回復、香港生まれの「外省人」、アメリカで弁護士をしていた馬英九（ばえいきゅう）氏が2008年の総統選挙で圧勝、中台間で直接の通信、通商、通航の「３通」を実施するなど、経済関係を一層高めて２０１２年に再選された。

だがあまりに急速な中国との経済一体化に反対する台湾の学生が立法院の議場を占拠する「ひまわり学生運動」が起き、２０１６年の総統選挙では「本省人」の女性、民進党の蔡英文（さいえいぶん）氏が当選、２０２０年に再選された。蔡英文総統は中国が唱える「１国２制度」には反対だが、独立を目指すことは公言せず「現状維持が目標」と演説してきた。

台湾の選挙では露骨に「独立」を叫んでも「統一」を支持しても、互いの反対論者から攻撃され不利になるから、本来独立志向の民進党候補は「統一反対」と言い、国民党候補は「統一を」ではなく「独立反対」と言い、双方の立場は現状維持に収斂（しゅうれん）、意見が一致する奇妙な形になる。

台湾政府の大陸委員会が２０２２年10月に行った「大陸との関係はどうすべきか」の世論調査（20歳以上１０９６人が回答）では86・３％が独立でも統一でもない「現状維持」を望んでいる。「速やかに独立」は７・７％、「速やかに統一」は１・７％だ。「現状維持」を望む人に「しばし現状維持の後にどうすべきか」と問うと「現状維持の後に

台湾の大陸委員会の世論調査　大陸との関係はどうすべきか？

①	速やかに独立	7.7%
②	しばし現状維持の後に独立	22.0%
③	永久に現状維持	28.4%
④	しばし現状維持の後に決める	28.9%
⑤	しばし現状維持の後に統一	7.0%
⑥	速やかに統一	1.7%

2022年10月19～23日に電話調査。20歳以上の男女1096人が回答。

独立」が22%、「現状維持の後に統一」が7・0%、「現状維持の後に決める」が28・9%、「永久に現状維持」が28・4%だ。大陸との親密な相互依存で繁栄している台湾の人々は大陸との経済関係を切断したり、戦争になったりすることを望まないが、統一して言論の自由が阻害されるのもうれしくないから「今のままでよい」というのは理性的で自然だ。

アメリカの下院議員などが台湾独立を煽り、戦争準備を語るのは蔡英文総統にとって多分迷惑だろうが、面会を断るわけにもいかず、あまりに親しくしては民進党の票が減りそうだから苦しいところではなかろうか。

もし台湾人の多数が独立派で、統一を企図する中国を敵視し中国対台湾の対決になっているのであれば、アメリカが独立派を支持することは、違法であっても「人道的介入」と言うことはできよう。だが台湾が抱える対立は「本省人」対「外省人」だ。若者同士では溝は埋まりつつあるようだが、「外省人」の軍人の中にはなお「台独」への敵対意識が残り、保守派の国民党支持の将校も少なくないようだ。

だが、今日の国民党は親中派だ。「米中戦争が起きれば」のシナリオを描いてみようとしても、肝心の台湾軍の動向が複雑で予知しにくい。概して言えば左派は「台湾民族主義」の理念派で親米的、右派は経済重視の現実派で親中的だから、日本の通念と合致しないように思われる。中国本土から最初の定期便が着いた時、空港に押し掛けた右派団体は赤旗（五星紅旗）を振って歓迎したのだ。

アメリカの対中強硬派が台湾独立を支持するのは台湾の利益と安全のためではなく、急速に発展する中国の足を引っ張りたいからだろう。中国と台湾は、韓国と北朝鮮のように敵対関係ではなく、この上ないほどの密接な相互依存関係にある。中国と台湾の仲を裂くことでアメリカは中国に大打撃を与えることができる。だがそれは台湾にとっても致命的な損害になり、日本やアメリカにとっても有害無益などとは考えが及ばないのだろう。

「次の脅威は日本」の論

日本は、1968年に名目GDPが世界第2位になった後も成長を続け、三菱地所がニューヨークのロックフェラーセンターを購入した1989年には、日本の名目GDPは3兆1170億7000万ドルでアメリカ（5兆6416億ドル）の55％に達した。1人当たりの名目GDPは約2万5336ドルに対し、アメリカは約2万2800ドルで追い抜かれていた。

アメリカの対日貿易赤字が増大し、日本製の自動車、電気製品、鉄鋼、繊維などの輸入に脅かされる経営者、失業に直面する労働者たちは「やがてアメリカ全体が日本人に買い取られる」との「黄禍論」に興奮し、日本製の自動車や電気製品を叩き壊したり、日章旗を焼く集会が各地で起きた。

アメリカの国会議員の中にも人気取りか、それに参加する者もいた。アメリカではドイツ製の車も多く輸入されていたが、日本車だけが排斥（はいせき）の的になったのは、アジア人がのさばることに対する人種的感情があったと考えられる。

白人至上主義の右翼が書いたらしい際物（きわもの）の本は無視できても、伝統ある『アトランティック・マンスリー』のジェームス・ファローズ記者が数か月間日本に滞在して『日本封じ込め論』を書き、「日本からの輸入品に一律25%の課徴金をかけるべきだ」と唱えたのには、彼が日本滞在中に何度も話をしていたので驚いた。

また、保守派のシンクタンクのヘリテージ財団の研究員でマサチューセッツ工科大学とアメリカ陸軍戦略大学でも講座を持っていたジョージ・フリードマン教授が『カミング・ウォー・ウィズ・ジャパン（迫り来る日本との戦争）』と題する著書を出し、日米が第2次大戦で戦うに至った経緯と今日の詳細なデータを基礎に「今後また日本との戦争が発生する公算大」と説いて評判が高く、日本でも出版された。

ワシントンに行った際にフリードマン教授に電話すると「君の名は聞いている。会いたいと思っていた」とホテルに来てくれ2時間論議したが、あえて要約すると、彼の説は「アメリカと日本の経済的利益は衝突を免れない。アメリカがその強大な海軍力を経済的優位を確立するために使用しないことはまず考えられない」というもので、私は「その論理は分かるが選択肢はさまざまで結論には同意できない」と言って笑って別れた。

当時のアメリカでは「日本が経済成長したのは不正な貿易手段による」との論がメディアで流布され、欧州にも伝染。スウェーデンのストックホルム国際平和研究所（実は軍事問題研究所）の客員研究員として招かれていた時、スウェーデン人の若手同僚が「日本のアンフェアな貿易慣行」と言うから、「どこがアンフェアなのか」と言うと「アメリカの雑誌にそう書いてありましたので」と謝ったこともあった。

アメリカで「日本人は異質」との報道が広まり反日感情が高まると、「日本にアメリカ軍が駐留して守ってやるのはおかしい」との論が出た。以前から無駄な存在と言われていた沖縄の第3海兵師団は廃止されかねない状況になったから、師団長H・C・スタックポール少将は1990年3月27日付の『ワシントンポスト』紙のインタビューで「もしアメリカ軍が引き揚げれば日本は既に極めて強力になっている軍隊を一層強化するだろう。われわれは瓶の栓なのだ」と、対日警戒心を煽って部隊存続を図った。

ＣＩＡ（アメリカ中央情報局）もニューヨーク州のロチェスター工科大学に委託した『日本2000年』という研究報告（1991年5月刊）で「日本人は人種差別主義者で、社会は非民主的、世界の経済支配を狙っている」などと敵意をむき出しにした。政府機関がこんな意識を振りまくのは悪質だった。

私のところには「日本軍事力強化の危機」を書こうとするアメリカのジャーナリストや政治学者が訪れてきて、何とかその証拠を収集しようとした。その背後にはソ連軍が1988年5月にアフガニスタンから撤退を始め、89年11月にはベルリンの壁が壊されてソ連の脅威が消滅したため「次の脅威は日本だ」という意図が見えた。国家安全保障の要諦はなるべく敵を作らないことにあると私は思うが、アメリカは50年以上ソ連と対峙し、朝鮮、ベトナムで戦い、その前にはドイツ、日本、スペイン、メキシコ、イギリス本国、カナダを領有していたフランス、先住民などと戦ってきただけに仮想敵がいないと気分が落ち着かないのか、と苦笑した。

「日本外相が核武装を宣言」と報道

日本が次の脅威になるとの説は経済摩擦だけでなく防衛問題でも盛んに報じられた。「日本は防衛費をＧＤＰの１％に抑えているというのはウソで本当は２％だ」と言って回る若い学者が会いに来たので論拠を聞くと「アメリカでは退役軍人の年金、医療費などは国防省予算に入れているが日本ではそれらを防衛費に入れず、海上保安庁の予算や偵察衛星の費用なども別にして隠している」と言う。私は「日本では自衛隊員は国家公務員の共済組合の年金を受ける。海上保安庁は運輸省、衛星は内閣官房が管轄するから防衛庁（当時）の予算に入らないのは当然で隠しているわけではない。アメリカでは州兵の経費の一部は州の負担、兵器用の核物質はエネルギー省で製作する。他国で基地を借りるのに経済援助しているが、国務省の外交予算に入れているではないか」と議論した。

相手は話題を変え「ソ連のＧＤＰは実際にはアメリカの４分の１ほどだったが日本の

GDPはアメリカの半分だ。ソ連の技術水準は一部だけがアメリカより高かったが、それ以外は低かった。日本の技術水準は総体的にアメリカと同等だからソ連以上の脅威となる」と言い出した。

私が「人口はアメリカも旧ソ連も日本の倍以上。日本はソ連ほどの大軍は持てない」と反論すると「アメリカの中核的人口（白人）は日本と同等だ。ソ連の人口は多かったが多民族間の摩擦があった。日本はほぼ全員が日本人だからソ連以上の脅威になり得る」「ではどうしろと言うのか」「だからいずれ戦争になるでしょう」とバカげた議論をしたこともあった。

こんな討論に実害はないが「日本外相、核武装宣言」との大見出しの報道は、世界に日本への警戒心を起こさせた。1993年7月、当時の武藤嘉文（むとうかぶん）外相はシンガポールのASEAN拡大外相会議で当初の期限は発効後25年だった「核不拡散条約（NPT）」が期限切れになるのを前に、日本は無期限延長を受け入れると発表した。日本の記者が「NPTを永久条約にし、もし将来北朝鮮が核を持って脅してくればどうする」との先見の明がある質問をしたのに対し、武藤外相は「第一には日米安保条約の傘で対応する。

またいざとなれば脱退することも条約で認められている」と答えた。

アメリカ、ソ連、イギリス、フランス、中国の5か国だけに核武装を認めるNPTは明白な不平等条約で、そのためフランスも中国も1992年まで加盟しなかったほどだから、それを無制限に延長することには反対が強かった。日本はアメリカの圧力に屈して無期限化に応じ、武藤外相は政府の決定を弁護するため脱退条項に触れたのだ。だが翌日のアメリカの各紙はその一部だけを取り上げて「日本外相が核武装を宣言」と報じたのだ。日本は永久に核を放棄するとの発言が正反対に報じられるほど日本に対し偏執的警戒心を抱くか、あるいは読者の反日感情に迎合して、こうした報道をしたのだろう。

各紙が一斉にこれを報じたためアメリカの政治学者もそれを信じて引用するので、私が「あれは趣旨が違う」と説明しても相手は「すべての新聞がウソを報じていると言うのか」と怒ることもあった。

ちょうどその当時、航空自衛隊は国産の支援戦闘機（戦闘爆撃機）F1の後継機を国内開発しようとしていた。アメリカは「日本に本格的な戦闘機が造れるわけがない」と軽視していたが、調査をして日本の航空機や電子装備の技術が意外に高いことを知り、日米共同開発を申し出て日本の航空機産業がアメリカの競争相手になることを防ごうとした。激しい議論、交渉の後、日本はアメリカのF16戦闘機を基にした共同開発にすることを受け入れたが、日本の先端的技術はアメリカ側が望むままに提供する一方、アメリカはコンピューターのソフトウエアの一部などは提供しないことになった。

また、作業の40％はアメリカ側が行うなど、アメリカの要求を次々のむことになった。それでもアメリカ上下両院では「日本がアメリカの技術を盗む」と共同開発に反対決議案が出た。これは否決され1機約120億円にもなったF2戦闘機は94機が製造された。

苦渋の末に日米共同開発が決定した後の1989年9月5日、ジョージ・H・W・ブッシュ大統領（父）はテレビのインタビューで「日本が軍国主義に戻るような大きな軍事力を保持することは望まない」と語った。アメリカの半分余りのGDPを持つに至った日本は、次々とアメリカの要求に応じてもアメリカ人の警戒心と嫉妬の的になることを避けられなかった。

一方で、アメリカは1972年にリチャード・ニクソン大統領が中国を訪問、国交正常化の共同声明を出して以降40年以上、中国と友好関係を保ち、1991年にソ連が崩壊するまでは米中は准同盟国関係にあった。アメリカは中国の戦闘機F8Ⅱの開発に協力、軍用ヘリコプターや駆逐艦のエンジン、対潜水艦魚雷などを輸出していた。

冷戦が終わるとアメリカは中国を味方にしておくために遠慮する必要はなくなり、台湾にF16戦闘機150機を売ることもあったが、概して中国には協調的で経済関係が急速に拡大した。

「日本叩き」を想起させるアメリカの反中感情

2020年には、アメリカの輸出の8・7%、輸入の18・6%が対中国、中国の輸出の17・4%、輸入の9・8%が対アメリカとなっており、アメリカにとっては、中国はカナダ、メキシコに次ぐ輸出先で、輸入相手としては第1位だ。

2017年に発足したトランプ政権は「中国が発展すれば民主的になるとの従来の想定は誤りだった。中国は、アメリカの力、利益に挑戦しようとしている」と対中強硬姿勢を露骨に示した。

関税の引き上げや取引の規制など経済面の圧迫だけでなく、広範囲の入国禁止や黄色人に対する暴力行為「ヘイトクライム」など、一連の中国人排除は日本人が1985年頃からアメリカで受けた「ジャパンバッシング（日本叩き）」を思い起こさせる。アメリカではアジア人に対するヘイトクライムが激増しニューヨーク州警察は2021年3月「アジア人へのヘイトクライムは2019年に比べ867％増」と発表した。

アメリカでは新型コロナの死者は110万人を超えたから、病気を恐れ生活が不自由になった人々が憂さ晴らしにアジア人に暴力を振るったり罵倒（ばとう）したりしたようだ。ジェン・サキ前ホワイトハウス報道官は、ドナルド・トランプ前大統領が在任中新型コロナウイルスをいつも「チャイニーズウイルス」と呼んでいたことがヘイトクライム激増の一因だったことは疑えないと2022年5月13日の記者会見で述べた。1980年代に始まった日本叩きは今回の反中活動に比べれば規模は小さかったが過激で、日本製品のボイコットを呼びかけるステッカーを貼った車がワシントンを走り回り「Nuke Japan（日本核攻撃）」のステッカーをバンパーに貼った車も見かけた。

そのころイランでは極めて親米的だったモハンマド・レザー・パフラヴィー国王（パ

ーレビ国王）がＣＩＡの指導を受けた秘密警察「サバク」を用いて民族主義者を大量検挙していた。それに対し、反王制の大デモが発生し国外追放されていたイスラム教シーア派の指導者Ｒ・Ｍ・ホメイニ師が帰国してイラン・イスラム共和国を樹立、国王は海外に脱出した。これに対しアメリカはイランと国境問題で対立していたイラクの独裁者サダム・フセイン大統領を支援してイランに侵攻させ、８年間のイラン・イラク戦争になった。

イランは北のソ連と、インドを支配していたイギリスに分割占領されるなど、苦しい経験があるため、親日的だった。

だがイラン・イラク戦争中、日本はアメリカの求めに応じ約７０００億円をイラクに融資、サウジアラビア、クウェートなども戦費を出した。だが停戦になると財政援助は止まり、戦争前に25万人だったイラク軍は１００万人になっていた。戦時の労働力の不足を補うためエジプト人多数を雇っていたから復員兵が戻っても職場がなく「エジプト人出て行け」を叫ぶ復員兵が暴動を起こした。イラクはイランとの戦争で８００億ドル（ＧＤＰ2年分）という巨額の債務を負い、復員兵の大群を抱えて首が回らなくなっていた。

このためサダム・フセイン大統領は、昔はイラクの一部だった裕福なクウェートを併合して財政危機を逃れることを考えアメリカ大使を呼んで遠回しに打診したところ、エイプリル・グラスピー大使は「アメリカはアラブ人同士の争いに関心を持たないでしょう」と言ったため、黙認を得たと思い攻撃に踏み切った。

これはアメリカが育てた猛犬がエサをもらえなくなり、空腹のあまり隣家の人に噛みついたような形だ。アメリカは28か国による多国籍軍を編成してクウェートから追い出した。まるで町内総出で犬を鎖につないだようになった。だが日本は憲法上、自衛でもない戦争に参加できず、135億ドル（1兆7500億円）の財政支援を行った。アメリカの戦費は611億ドルだったが、他国からの拠出が520億ドルもあり、アメリカが実際に負担したのは91億ドルだったようだ。サウジアラビアは「400億ドルを出した」と言うが、同国はイラク軍の侵攻を受けかねない当事者だから当然で、それも物納が多かった。また日本はイラン・イラク戦争中、アメリカの要請に応じ7000億円をイラクに貸していたが、それは債権放棄をせざるを得ず、アメリカの言うままにサダム・フセイン大統領の軍を支援し後にそれを潰すのに、莫大な失費をした。

湾岸戦争後クウェートは『ワシントンポスト』紙に参戦国への感謝広告を出したが日本の名はなく、凱旋(がいせん)祝典にも日本は招かれず、壇上に呼ばれなかった日本大使が抗議すると慌てて折りたたみ椅子を出したという冷遇を受けた。

ドイツはイラク軍がクウェートに侵攻した1990年8月2日の3か月後、10月3日に統一したばかりで東西両軍を合体する再編成の最中だった。外国に出兵するどころではなく、日本と同様、翌年戦争が終わった後に掃海艇を出しただけで、多国籍軍への拠出は日本の半分の65億ドルだった。だがドイツは感謝広告に載り、凱旋祝典でドイツの駐アメリカ大使は上位の席に座っていた。

新聞広告も祝賀会もアメリカ国防省が仕切ったものだった。アメリカでは1989年に三菱地所がニューヨークのロックフェラーセンタービルを買ったため、「日本人はアメリカ人の魂を買った」としてジャパンバッシングが頂点に達した時期だった。日本がアメリカの求めに応じて拠出した金額が大きかったことで日本の「小切手外交」を非難する政治家、メディアは多かったから、国防省も日本はずしに出たのだろう。

ブッシュ大統領（父）も日本に戦費の拠出を求めるとともに「出兵が法的にできないことはわかっているが何とか兵を出せれば」との趣旨の要請をしたことが判明している。日本では「派兵しなかったからアメリカの怒りを招いた」と言われたが、アメリカでは湾岸戦争前から反日運動が流行し非難のネタを探していたから、もし出兵すればしたで「日本の軍国主義復活」と言われかねなかった。

アメリカの『タイム』誌は2023年5月、岸田文雄首相の写真を表紙にし「首相は平和主義を捨て自国を軍事大国にすることを望んでいる」と報じた。日本政府が抗議して書き換えられたが、アメリカの求めに応じ防衛費を2倍にするのを批判するのは、かつての日本叩きと同じだ。今は叩く相手がもっぱら中国になったが、黄禍論者は日本人と中国人の見分けがつかずアジア人をヘイトクライムの対象としているようだ。

アメリカの日本叩きは1991年の湾岸戦争後下火となった。日本は、アメリカの対日貿易赤字を減らすための交渉で譲歩を重ねていたし、同年3月にバブル崩壊が起きて「日本に支配される」とのアメリカの危機感は杞憂に終わり、中国との貿易赤字が注目され出した。

2001年9月11日に起きたニューヨークの世界貿易センターとペンタゴン等への旅客機突入事件でアメリカ人はイスラム過激派の危険を思い知らされ、安全保障政策の焦点は中東になった。

日本叩きの一因は1988年から91年にかけてのソ連の崩壊で、常に敵を探し求める習慣がついたアメリカ人の中には「次の敵は日本人だ」との論が広まっていたのだが、9・11大規模テロ事件で鉾先（ほこさき）はイスラム教徒に向き、良くも悪くも日本への関心が薄まって、「ジャパンパッシング（日本素通り）」現象が現れた。

アメリカは2001年10月からアフガニスタンを攻撃したが、天性のゲリラで昔からイギリス軍、ロシア軍を駆逐してきたアフガン人とアメリカ軍は20年戦って撤退、タリバンが復権した。

また、アメリカは2003年3月からイラクを攻撃して8年の混戦後、イランと同じシーア派政権を残して撤退した。2011年3月に始まったシリア内戦ではアメリカはイスラム過激派の傭兵が主体の反政府勢力を支援したがアサド政権を守る政府軍が鎮定しアメリカは失敗を続けた。「テロとの戦い」の戦費は負傷兵の将来の療養費を含み6

兆6000万ドル（約880兆円）とアメリカのブラウン大学の研究チームは計算している。

アメリカの強固な同盟国で戦費の拠出をしてきたサウジアラビアが、アメリカと敵対してきたイランと2023年3月10日、中国の仲介で国交を回復するなど、アメリカの威信は揺らいでいる。

アメリカは中東への介入、長期の地上戦に嫌気がさしたようで、アジアに目を移し海上戦力を強化する姿勢を示している。中国包囲網形成を目指すが、中国本土への攻撃は考えない様子だ。

第3章　米中台の戦力の実相

兵糧攻めに弱い台湾

中国が台湾を支配するため上陸作戦をして制圧するのは容易ではない。中国海軍は3万t級揚陸艦（陸兵各1200名、ヘリ28機搭載）を3隻持ち、さらに2隻を建造中だ。中型、小型の揚陸艦57隻も使って海上輸送能力は計3万7000人程度と見られる。

一方、台湾陸軍は9万4000人で海兵隊（海軍陸戦隊）が1万人。それに加えて徴兵で訓練を受けた予備役兵は150万人と公表しているが、実際に動員できるのは、その数分の1だろう。しかし、現役の陸兵10万人余だけでも、第一波として上陸して来る中国兵の約3倍だ。第一波が上陸地点を確保しないと、後続の部隊は上陸できないし、台湾西岸の大部分は遠浅の沼地、東岸は断崖が続いて上陸適地は数少なく、地対艦・艦対艦ミサイルを多く持つ防衛側に有利な地形だ。

だが台湾には大きな弱点がある。食糧の自給率（カロリーベース）が31％で日本の37％よりさらに低く、エネルギー（石油、天然ガス、石炭、水力・原子力発電など）の輸入依存度は99・4％（2010年）に達し、兵糧攻めに弱いことだ。約2400万人の人口を養うには一日平均1・7万トンの食糧を積む貨物船1隻、15万トン級石油タンカー1隻の入港が必要だろう。

もし戦争になれば、中国軍は台湾の港に入っている商船を弾道ミサイルや巡航ミサイル、航空機で攻撃し、食糧、石油などの輸入を阻止しようとするかもしれない。外洋を進む船を攻撃するより、港内に停泊して荷揚げをしている船を狙う方が容易だからだ。

近年、海運企業は持ち船の船籍を税金の安い国に置き、賃金の低い外国人船員を短期契約で雇うことが多いから、船員はミサイルや爆弾が落ちてくる港に入ることを拒否しそうだ。

中国軍が台湾に上陸し地上戦をしたり、都市や工場を爆破したりすれば占領しても手に入るのは焼け野原で、住民が恨みを抱いて離散すれば復興と治安回復に苦労することになる。兵糧攻めで圧迫し分離独立派を降伏させれば、上陸作戦に比べ物的損害も死傷者も比較的少なくて済み、統治は比較的容易になるだろう。もし、中国が武力で統一しようとするなら、兵糧攻め戦略を使うのではないかと考える。

台湾人が飢えるような状況になれば、アメリカ軍はミサイル防衛能力の高い駆逐艦で台湾の港を護（まも）り、中国本土のミサイル発射機をミサイルや航空機で攻撃、逆に遠距離から中国を海上封鎖して海運を遮断することになるだろう。

中国の穀物の自給率は99％（2019年）だが、原油の自給率は28％だから中国にとり海上封鎖は相当な打撃となる。ただ石炭は豊富だからエネルギー全体の自給率は80％で、ロシア、カザフスタン等から石油や天然ガスの輸入もできるから海上封鎖も決定的な効果はないかもしれない。

中国海軍よりも圧倒的に強力なアメリカ海軍

「中国海軍の急速な増強」が語られているが、実際にはアメリカ海軍はなお圧倒的に強力だ。中国の空母「遼寧（4万6000t）」は旧ソ連がウクライナで建造中に工事中止となり、8年も放置されていたのを中国がスクラップとして購入し大連に曳航（えいこう）、苦心の末に2012年に完成させた。SU15戦闘機24機とヘリコプター15機を搭載可能と言わ

香港沖に停泊する中国の空母「遼寧」

れるが、発艦時に加速する「カタパルト」がないため、飛行甲板の後部から全力で滑走してやっと発艦するから多くの戦闘機が次々に発艦できない。重い増加燃料タンクや爆弾、ミサイルを多く付けると浮き上がらないから、戦闘能力は乏しい。ロシア海軍には姉妹艦1隻があるが、近年出港していない。

「遼寧」を基礎に改良、国産した2隻目の空母「山東（5万t）」は2019年に完成。戦闘機35機などを積めるとされるが、これもカタパルトがないから、実戦の能力は怪しい。

3隻目の空母「福建」は、2022年6月に進水、強力なリニアモーターを使う電磁式カタパルトを付け、7万1000tの大型だ。ただ電磁式カタパルトは大量の電力を要するためアメリカの最新鋭空母

「ジェラルド・フォード」も技術的に苦心したから、それを中国が順調に実用化できるか否か注目されている。

これが完成して中国海軍はなんとかアメリカ空母に匹敵する空母を持つことになるが、アメリカの10万t級空母11隻に対し1隻だ。空母は年間3～4か月は定期点検、修理にドックに入り、その後再訓練をして前線に出るから、3隻を持たないと常に空母1隻を出せない。

フランスはアメリカ製の蒸気力カタパルト付きの原子力空母「シャルル・ドゴール」(4万3000t)を持つが、空母はそれ1隻だけだから「一流の海軍」であることを示す国家的虚栄心の表れの感がある。中国が空母3隻を持ってもアメリカの空母に匹敵するのは「福建」だけだから、中国の富豪が乗る「ロールスロイス」に似たものになるかもしれない。

一方、アメリカ海軍は10万t級の原子力空母11隻を保有、各艦が55～65機の艦載機を搭載している。11隻のうち少なくとも3隻が各60機として180機は作戦可能で、質量共に圧倒的に優位だ。

第2次世界大戦後、軍艦同士が戦う「海戦」は1982年にイギリス海軍とアルゼンチン海軍が戦ったフォークランド戦争しか起きていないから、空母は陸地を攻撃する介入に参加することが主たる任務となってきた。

海戦になれば主力艦はむしろ原子力潜水艦になり、空母など水上艦は潜水艦が発射する対艦ミサイルに撃破される危険が大きい。アメリカ海軍は、原子力潜水艦67隻（うち14隻は長距離核ミサイル搭載の「戦略潜水艦」、53隻は艦船攻撃用）を持つ。

潜水艦が艦船を攻撃するには射程数十kmの魚雷だけではなく、射程数百kmの対艦ミサイルも使えるから、ドローンなどから敵艦の位置、針路の情報を得れば、潜水艦が空母を撃沈することもできる。原子力潜水艦に対しても音で敵を突きとめるのに潜水艦が有効だから、海戦の主力艦は常に潜航を続ける原子力潜水艦になるのではと考える。

中国は最大の造船国だから新鋭の1万t級の巡洋艦7隻、駆逐艦42隻、フリゲート（小型の駆逐艦）41隻、計約90隻を持っている。それに対しアメリカ海軍は巡洋艦19隻、駆逐艦70隻、フリゲート41隻、計130隻で、その約半分が太平洋にいるから拮抗するが、空母と原子力潜水艦の戦力では大差がある。

対潜水艦哨戒機（しょうかい）はアメリカ海軍が１２６機、海上自衛隊が77機保有するのに対し、中国は20機しかない。海上自衛隊は軽空母「いずも型」（２万ｔ）２隻、ヘリ空母「ひゅうが型」（１万４０００ｔ）２隻、駆逐艦・フリゲート42隻、潜水艦22隻を持ち練度は高いから、もし日本が参戦すればアメリカ海軍にとり最大の友軍になる。

中国は、原子力潜水艦は「晋型」弾道ミサイル潜水艦６隻、対艦船用の「商型」攻撃原潜６隻（他に動いていない旧式３隻）しかない。「商型」対艦船用原潜はソ連で１９７８年から造られた「ヴィクターⅢ型」を基にしており今日の水準では音が大きく発見されやすい。

中国が持つ46隻のディーゼル・電池推進の潜水艦は潜航中は電気モーターで走るから音は低いが、原潜のような長時間潜航はできない。音波は海中では直進せず、水温や水深などで曲って伝わるから、各地で調査をしておくことが重要だ。アメリカ、イギリス、日本は「水中音響学」の水準が高く、中国海軍はその点でまだ大差があるようだ。

冷戦期にはアメリカの潜水艦はソ連の原潜を追跡してその音を録音し、何型の何番艦かもつかんでいた。

当時、中国の潜水艦の多くは黄海の最奥部、渤海湾に基地を置いていたが、潜水艦が大型になると、黄海の奥は浅すぎて浮上しないと出入港できないため、海南島に拠点を移し、潜水艦が入るトンネルを掘って隠すことになった。海南島は南シナ海に面して出動には便利だが攻撃を受けやすいから、中国は人工島を築いて飛行場を造るなどして防備し、弾道ミサイル原潜の待機海面にしようとしているのだろう。

南シナ海の南沙群島、西沙群島を取り巻く「9段線」は、アメリカの支持を受けていた「中華民国」(台湾)の蔣介石政権が管轄権を主張した線で、当初は11段の破線を地図に引いたが中華人民共和国(北京)は北ベトナム沖の2本は消し9段線となった。フィリピンは9段線は不法とハーグの常設仲裁裁判所に訴え、2016年7月、同裁判所は「9段線には法的根拠がない」と判断した。領海でも排他的経済水域でもない海域に「管轄権」を主張するのは無理だから、この判決は当然だった。

ところがフィリピンのロドリゴ・ドゥテルテ大統領はこの判決を「紙くず、無意味」と切り捨てた。勝訴した国が判決を否定するのは珍妙な話だったが、もともと提訴したのは親米派のベニグノ・アキノ前大統領で、ドゥテルテ氏は華人で中国との経済関係を重視していた。

台湾の「中華民国」はいまだに「11段線」に固執し南沙諸島最大の大平島に飛行場を造り約200人の部隊を配備して実効支配してきたから、蔡英文総統はこの裁定に怒り、フリゲートを派遣し権利を主張した。

もともとアメリカは中国が南沙・西沙諸島を支配するのを防ごうとし、フィリピンに裁判をするよう勧めたのだが、フィリピンも台湾も裁定に反発したから間の抜けた話になった。

数で優位な中国の航空戦力

アメリカは1979年に中国と国交を樹立し「中華民国」と断交、アメリカ軍はすべて台湾を去って台湾軍は孤立したが、アメリカ設計の軽戦闘機F5の組立は1973年から行っていたから、台湾はアメリカとの断交後も一部の部品は裏口で入手して生産を続けた。

1991年に冷戦が終結すると、ジョージ・H・W・ブッシュ大統領（父）は初期型F16戦闘機150機の台湾への輸出を認めた。1992年にはフランスからミラージュ2000戦闘機60機も輸入し、以前から自主開発していた戦闘攻撃機CK1（経国）も130機製造した。3系統からの戦闘機の取得は非効率だが、アメリカからの武器輸入がほとんど滞って苦労した経験があるため複数の入手先がある方がよい、との考えだったようだ。

台湾空軍は1990年代から急速な近代化が進み、戦闘機は約400機で航空自衛隊の320機を上回っている。だが近年中国軍の新鋭機導入が進み、台湾は追い抜かれた感がある。

台湾海軍は水上艦26隻を持つが、うち20隻はアメリカ海軍の払い下げで、通常耐用期間とされる艦齢30年を超え、国産のフリゲート6隻も30歳に近い。潜水艦は4隻だが、うち2隻は第2次世界大戦中に建造された超老朽艦。他の2隻はオランダから買ったが艦齢37歳で、現在台湾は初めて国産の潜水艦を建造し、2023年9月28日に進水、25年に就役の予定で、将来8隻にする計画だ。

航空戦力では、中国は数的には優勢だ。イギリスの「国際戦略研究所」の年鑑『ミリタリーバランス』によれば、中国空軍は爆撃機１７６機、戦闘機・攻撃機計１７４８機を持ち、海軍航空隊は爆撃機45機、戦闘機・攻撃機計２９９機、対潜水艦哨戒機20機などを保有している。

これに対しアメリカ空軍は青森県三沢基地にＦ16戦闘機22機、沖縄県嘉手納基地にＦ15戦闘機27機を常時配備、その他本国から飛来するものも少なくない。韓国の烏山基地にＦ16が20機とＡ10攻撃機24機、群山にＦ16が20機配備されている。アメリカ海兵隊は山口県岩国基地にＦＡ18戦闘機・攻撃機12機、Ｆ35（ステルス）戦闘機12機を待機させている。また、横須賀を母港とするアメリカ空母「ロナルド・レーガン」は、普段は戦闘攻撃機ＦＡ18を44機搭載している。同艦は、２０２４年に「ジョージ・ワシントン」と交代予定だ。

アメリカの同盟国としては韓国空軍が戦闘機約１７０機、攻撃機約３５０機で航空自衛隊より多いし、韓国海軍も潜水艦18隻、駆逐艦12隻、フリゲート14隻でかなりの勢力だ。だが韓国は中国との対立を避けたがっており、北朝鮮に対する備えが必要なのも事実だから、アメリカ軍としては、対中国戦争の勘定に入れられまい。イギリスは6万t級の空母2隻、フランスは4万t級を1隻持つが、いつでも1隻出動させるには3隻が必要だし、大西洋を留守にして、経済関係が重要な中国との戦争に加わることは考えにくい。インドの1隻も同様だ。

東アジアにいるアメリカ軍の戦闘機、攻撃機は180機、台湾が400機、もし日本の320機が参戦するとしても計900機程度だ。だがアメリカ空軍は主力の大部分を10個の「航空宇宙遠征隊」に分け、少なくとも2個部隊は即時出動できるようにしている。各部隊は人員1万人ないし1・5万人で爆撃機、戦闘機、攻撃機計約90機と給油・輸送機31機、偵察機13機で編成され、世界のどこかで戦争になればまず戦闘機、攻撃機計180機が駆けつけ、次いで増援部隊も着くことになる。

また、太平洋には原子力空母5隻がいて、横須賀常駐艦1隻のほかに本国から2隻が出港できるから、少なくとも戦闘用の艦載機90機が増えそうだ。常時日本と韓国にいるアメリカ軍の戦闘・攻撃機約180機（空母1隻を含む）に航空宇宙遠征隊（2個隊）が180機、空母2隻で90機。それらを合わせて約1200機になる勘定だが、中国の空軍・海軍の戦闘機、攻撃機、爆撃機は計2300機で2倍だ。

日本に到着するアメリカ軍機をどこに収容するかも問題で、嘉手納は広く、三沢、岩国も使えるが、通常弾頭ミサイルの撃ち合いになれば、まず空軍基地や軍港が第一優先の標的になりそうだから、航空機をまとめておいておくのは危険だ。

CSISの机上演習「日本は26隻沈没」

アメリカの防衛問題の有力シンクタンク「戦略国際問題研究所（CSIS）」は、中国軍の台湾上陸作戦にアメリカ軍等が対抗する想定でコンピューターを駆使して行った机上演習（シミュレーション）の結果を2023年1月に公表した。

「The First Battle of the Next War（次の戦争の最初の戦闘）」と名づけられたこの机上演習では、変数（条件）を変えた24のシナリオについて検討された。いずれも中国が台湾制圧を決定したと仮定し、結果を予想するものだ。それぞれの机上演習の平均値では、中国軍は台湾の地上戦で死傷者7000人、上陸前に海上で1万5000人が失われ、台湾に上陸して生き残った3万人以上の中国兵が捕虜となり、艦船138隻、航空機155機を失って敗北するということになった。

アメリカ軍が緒戦に勝利する条件として「台湾が戦線を維持できるようにすること」「アメリカ軍が速やかに直接戦闘を行うこと」「日本国内の基地を戦闘行為に使用するようにすること」「中国の防御圏外から中国艦隊を迅速かつ大量に攻撃すること」が挙げられている。

だが日米側の損害も大きく、基本シナリオではアメリカ軍は原子力空母2隻、巡洋艦、駆逐艦など主要な水上艦艇7隻ないし20隻を失い、自衛隊は艦艇26隻、航空機112機を失うという予測になった。海上自衛隊の護衛艦の乗員は平均約200人だから26隻が沈めば約5200人を救助する必要があるが、現場での制空権の有無や気象などが救命作業を左右する。

この机上演習では、航空機の損害は飛行中より地上で発生することが多いとのデータが出た。飛行場で整備中や待機中にミサイル攻撃や爆撃などで破壊される率が高いと分かったため、この机上演習後の提言では「なるべく多くの飛行場に分散して配備しシェルターに入れるのが望ましい」と勧告している。

特に「日本には民間飛行場が数多く、自衛隊の航空基地に近接して整備などに便利な所も多いから、日本に対し、飛行場にシェルターを設けるよう交渉すべきだ」と言っている。アメリカ軍にとっては都合が良いだろうが、空港付近に住む人々にとってはミサイルや爆弾が近所に落ちる危険があり、迷惑千万な話だ。

アメリカ軍はこの提言より前から分散配置が可能な飛行場を探していた、とも言われる。2023年4月6日に宮古島付近で陸上自衛隊のUH60ヘリコプターが墜落した背景には下地島（しもじ）には3000mの滑走路がありながら本来の目的だった民間機操縦士の養成に使われなくなり、アメリカ軍がそこを使いたがったので陸上自衛隊の将官が上空から視察していたとの推論がある。

戦争が終わるまで日本の民間飛行場をアメリカ軍が接収し戦闘機などの基地になれば、交通の不便では済まない。相手は航空基地を第一優先の目標にする。ミサイル攻撃・航空機の爆撃には誤爆、誤差がつきものだ。軍事目標の攻撃が困難な場合は準軍事目標である軍需工場、橋、交通の要衝、駅、発電所、ガス・石油タンクなどを狙うこともよくあり、民間人の犠牲が出る。

このCSISの机上演習は、できる限り客観的で精密な研究をしたことは評価できるが、「次の戦争の最初の戦闘」の表題通り、緒戦の3～4週間の戦局を予測しているにすぎず、戦争がもたらす経済への影響は対象外、民間人の犠牲も算出していない。

米中戦争はベトナム戦争どころではない

現実を考えれば、もしアメリカ軍などが中国軍の台湾上陸部隊の一部を海上で阻止、上陸した中国兵を捕虜にしたとしても、それで戦争が終わるわけではない。中国軍は台湾に布陣したアメリカ軍をミサイル、航空機により攻撃し、特殊部隊を潜入させるだろう。台湾の保守派「国民党」は独立反対で大陸との関係を重視している。アメリカ軍が台湾から去れば統一に向かいかねず、アメリカ軍はすぐに引き揚げることはできないだろう。

CSISの机上演習は「中国本土は攻撃しない」ことを前提としている。戦争をアメリカ軍勝利で終結させるには、たぶん首都北京や上海、広州などの要衝を攻撃、確保する必要があるだろうが、アメリカ軍が中国本土に侵攻して勝つ公算は低い。

現在のアメリカ陸軍は46万人、中国陸軍はソ連の崩壊で北方の脅威が消えたため、かつての400万人から今日の96万人に縮小されているとはいえ、依然、大きな差がある。

アメリカ軍はベトナム戦争では南ベトナムにピーク時56万人を投入し、南ベトナム軍約100万人、韓国軍5万人などを含めて160万人以上が、北ベトナム正規軍15万人と民族解放戦線11万人、ゲリラ約60万人、後方支援の中国軍15万人計約100万人と戦った。アメリカ軍が北ベトナムに投下した爆弾は200万tに達し、第2次世界大戦中に日本に落とした爆弾量は16万ないし17万tだったから、約12倍だった。兵力も装備も圧倒的だったアメリカ軍が8年の戦争に勝てず中国に仲介を頼み込み、南ベトナム政府を当面残す形で何とか面目を保って撤退したのは不思議なほどだ。自国を守る側と不必要な侵攻をした側の戦意の差は大きいと思わざるを得ない。

もし、今後台湾を巡ってアメリカと中国が戦うことになればベトナム戦争どころではない。ベトナムはアメリカの攻撃を受けた時に南北合わせて人口3300万人、うち北ベトナムは1700万人の貧しい国だったが、中国の人口は14億2500万人でアメリカの4・2倍、名目GDPは17・73兆ドル（2021年）でアメリカの77・6％に当たる。国防費はアメリカの約36％でアメリカに侵攻するほどの力はないが、防戦には十分で、長期戦になりそうだ。

万一、北京が占領されても内陸に政府を移す奥の手が中国にはある。日中戦争で日本軍は重慶（じゅうけい）に籠った蔣介石の中国軍を制圧できなかった。

アメリカ軍はベトナムの戦費で最大の債権国から債務国に転落した。2021年の対外純債務（債権と債務を合算）は18兆1000億ドル余り（約2500兆円）という途方もない借金だ。日本は純対外純債権3兆600億ドルを持つ最大の債権国だ。

今のところまだアメリカドルに信頼があり、アメリカに投資、融資をする外国人も多いようで、債務が多くても困窮していないが、中国との長期戦になれば、一気に信頼が薄れ、ベトナム戦争で起きた以上の混乱が起きるのではないか、というのは経済の門外漢の取り越し苦労だろうか。

中国のGDPが増えて国防費も増えた

防衛省は、日本の防衛費を2倍にするため『防衛白書』（令和四年版）で「中国の国防費は1992年からの30年間で約39倍」と宣伝している。実は、その30年間で中国のGDPは約37倍になっている。国防費は「2012年から10年間では約2・2倍」とも言っているが、この間に名目GDPも8兆5394億8400万ドルから18兆1000億4400万ドルと、2・2倍になっていた。

GDPが拡大し税収が増えるにつれ、政府各部門の支出が増えるのはどの国でもありがちで、高度成長期には自衛隊の分け前も急増した。

中国の国防費は公表ではGDPの1・5%で、それに含まれない研究開発費などを加えると1・74%とストックホルム国際平和研究所は推定している。アメリカの国防費はGDPの3・48%。国防省の予算に入らない国防費があるのは中国だけではなく、アメリカではエネルギー省が核兵器の製造、開発を行っているし、州兵の経費の一部は州持ちなど、いくつもの例がある。退役軍人の年金や海上警察の経費などを国防予算に入れている国もあれば、日本のように入れない国もあるなど、制度は当然さまざまだから、他国の防衛予算を「不透明」と非難するのは正しくないだろう。

アメリカの2023年度国防予算は8580億ドルで中国の同年度1兆5537億元（約2180億ドル）の3・9倍になる。22年のアメリカの名目GDPは25兆4644億7500万ドルで、中国（18兆1000億4400万ドル）の1・4倍だった。中国が必死に軍事力拡大に努めているという印象を持つ人は少なくないが、財政破綻に瀕しているアメリカと比べれば、無理をせず、着実に軍の近代化を進めていると見る方が正確ではないかと考える。

中国の国防費はアメリカの約30％とはいえ、インド、イギリス、ロシア、フランス、ドイツ、日本の防衛費はアメリカの7〜8％程度だ。中国が「一流の軍隊」を持ちたいと虚栄心を抱くのも無謀ではないとしても、アメリカと肩を並べるに至るのは、ドルが基軸通貨でなくなりアメリカがよほど没落でもしない限り夢にすぎないだろう。

中国が最近建造した大型の揚陸艦「海南」「広西」（3万1000t）も建造中の空母

「福建」（満載時8万t級）と並び注目されている。中型ヘリコプター30機とエアクッション揚陸艇2隻を搭載、海兵隊員1200人を運べる。2021年に2隻が就役、3隻目も建造中で、8番艦まで造る計画とも伝えられる。台湾の台湾海峡に面する西岸は遠浅で泥沼が続き、太平洋側の東岸は断崖が多い。上陸艇で上陸作戦を行える地点は少ないからヘリコプターと海面上を進むエアクッション艇で海兵隊を揚げることを考えているのは確かだろう。

このほかに2万t級の揚陸艦「玉昭型」8隻が2020年までに就役している。装甲車両60輌を積みエアクッション艇4隻、大型ヘリ4機で陸揚げし、海兵隊800人を送り込める。大型揚陸艦と2万t級の揚陸艦合わせて16隻そろえば、中国軍の渡洋輸送可能な兵員は1万8000人増え、重装備も投入できる。

「中国軍は2027年頃に台湾を攻撃するのでは」とのアメリカ軍の予測は、これらの大型揚陸艦の完成時期を論拠にしているのではないかと思われる。

従来の中国軍の渡洋可能兵力は2万人程度だったが、それが1万8000人以上増えるのは戦略上相当な要素ではあるが、台湾陸軍は現役9万4000人、海兵隊1万人、予備役は公称150万人（徴兵制で訓練を受けた者）だ。少なくともその1割は動員できそうだから、台湾人が戦意を失わない限り中国軍による制圧は困難だ。

中国軍の上陸部隊第1波が港を確保できれば中型、小型の上陸舟艇や商船、漁船で第2波、3波を送り込めるが、台湾軍は多数の対艦ミサイルを持ち、最近大量生産をしているから、中国空軍が制空権を取っても上陸艦艇は激しい抵抗を受けそうだ。台湾の中央部は山岳地帯だからゲリラ活動も続きやすい。

中国軍が激しい航空攻撃やミサイル攻撃で台湾軍を制圧しても、これまで中国と台湾は電子工業分野などで極めて密接な相互依存関係を築いて手を取り合って発展してきたから、工場を破壊したり、技師や熟練工などが離散しては、中国の工業は麻痺（まひ）する。焼野原を占領しても、まるで自分の足を撃つような愚行となる。

愚者相手では抑止は効かない

日本政府は中国による攻撃を受けた場合に反撃する能力を保持することにより攻撃を

抑止するとして、巡航ミサイル「トマホーク」200発の購入や12式地対艦誘導弾の射程を約200㎞から1500㎞に延伸する能力向上型の開発を目指している。

日本では「トマホーク」などのミサイルを備えて抑止力にすることで戦争を防げる、と言う人も少なくないが、相手が国の利害を無視して戦争を始めるほどの愚者であれば、こちらが少々の反撃能力を持っても抑止は効かない。もし、米中戦争に発展すればアフガニスタンのタリバンやイラク軍とのアメリカ軍の戦いとは全く違い2つの超大国の戦争であり、その中に数百発程度の火薬弾頭のミサイルを持って参加するのは砲兵部隊の戦闘の中に拳銃を持って加わるような形となる。

現在、弾道ミサイルは固体燃料ロケットを使用し即時発射が可能となりつつある。自走式発射機に搭載して渓谷のトンネル等から出てミサイルを立てすぐに発射するならその前にこちらのミサイルで破壊することは困難を極める。相手の巡航ミサイルはロケットで発射後、ジェットエンジンで飛行するが、それも燃料を入れたまま待機し即時発射できる。

こちらがミサイルで相手のミサイルを発射前に破壊するにはその位置を知ることが不

可欠だが、それは容易ではない。偵察衛星は秒速7・9㎞の第1宇宙速度で地球を南北の方向に周回し、1日1回各地の上空を通過するから、固定目標は撮影できるが、移動目標は探知できない。「静止衛星はどうか」と聞かれることもある。静止衛星は地球から約3万6000㎞の赤道上を周回しているため、地球の自転速度と衛星の角速度が一致し、地表から見ると静止しているように見える。電波の中継などには役立つが、地球の直径の3倍近い距離だからミサイルのような物体が見えるはずはなく、発射の赤外線(熱)がわかる程度だ。

ジェットエンジン付きのグライダーのような無人偵察機を相手のミサイル発射地域の上空で旋回させておけば発射機がトンネルから出てミサイルを立てて発射する前に撮影可能だが、低速で同じ所を回っていれば対空ミサイルで簡単に撃墜される。

「在韓アメリカ軍や韓国軍との連携を強化し北朝鮮のミサイル発射機の位置などの情報を受ける」と言う人もいるが、もし戦争が始まっているか、その寸前に北朝鮮がミサイルを発射しようとしているのを発見すれば一分も惜しいから直ちに攻撃するはずだ。日本に連絡してトマホークなどを発射させて手柄を譲るようなことをするとは考えられない。
1991年の湾岸戦争ではイラクはソ連製の弾道ミサイル「スカッドB」の弾頭重量を825kgから135kgに減らし、燃料を増やすことで射程を300kmから600kmにした国産の「アルフセイン」88発を発射した。米空軍はミサイル発射地域だったイラク西部の上空に戦闘機、攻撃機を常時在空させ、「スカッドハント」を行った。1日平均64機が出動し見張ったが偽装した簡易発射台や移動式発射機から発射されたため、発射前に位置を知ることは困難で、発射を知って駆けつけても、発射台を壊すのがやっとだった。

そこで特殊部隊をヘリコプターで運んで砂漠の丘に隠れて双眼鏡で見張る原始的な方法も取られた。その部隊に補給するヘリが夜間飛行していたところミサイル発射の火柱を目撃しそこに向かってみると、近くでもう1発のミサイルが発射準備をしているのを発見、ドアから機関銃射撃で破壊したという偶然の手柄が唯一の成功例だった。

占領後調べたところ、固定翼機の操縦士らの「成功」の報告はすべて誤りで、ミサイル発射後の発射機やバスなどを叩いていたことがわかった。

それ以来30年以上経ったから精密なレーダーや赤外線探知などの技術が進歩したとはいえ、ミサイル側も固体燃料、自走発射機、偽装の発達など技術が進歩したから、発見が難しいことに変わりないのではないかと思われる。

ミサイルを破壊できないなら指揮中枢を叩いて報復すべきと言う人もいるが、戦争中に政府首脳や司令官等が官邸にいることはまずなく、司令部を地下トンネルに移すのが一般的で攻撃は難しい。古い重砲の砲身に爆薬を詰め、先端は鋼鉄の栓、尾翼を付け直径40㎝、長さ5・6m、重量2・23tの電柱のような型の「地中貫通爆弾」が造られてはいる。これだと土なら30m、鉄筋コンクリートなら6mを貫通できる。だが地下の司令部に入るトンネルは直線ではなく、上下左右に曲がったり枝分かれしたりしていることが多いから、どこに落とせば大臣や司令官に届くのかわからない。

攻撃を受ければ反撃する能力を持つことで、相手が攻撃することを抑止しようとすれば、相手にとり堪え難いほどの打撃を与える能力、少なくとも同等以上の戦力が必要だろう。

通常（火薬）弾頭の対地ミサイルの破壊力は意外と乏しい。私は1991年の湾岸戦争ではサウジアラビアの首都リヤドの国防省の真向かいのホテルに逗留し、イラクの弾道ミサイル「スカッド」、厳密に言えばそれを改造した「アルフセイン」の攻撃を体験したが、近くのビルに当たってもその一角が崩れる程度だった。ミサイルが発射されると、どこを狙うのかわからないから、目標になりそうな場所には警報が出た。屋上に駆け上がって対空ミサイル「パトリオットＰＡＣ２」による迎撃を観察しようとしても、「スカッド」はリヤドに来ず、他地点に向かうことが多かった。

１週間もするとリヤドの市民も慣れて、警報が出ていてもホテル隣の宝飾店ではヒジャブをまとったご婦人たちが品定めをしていた。湾岸戦争でイラクは「スカッド」88発を発射、うち39発はイスラエルのテルアビブに落ち、死者は４人だった。精度は低いし弾頭は１３５kgだったから効果は乏しかった。ただ停戦３日前の３月25日、サウジアラビア東岸ダーランのアメリカ軍兵舎に偶然命中した「スカッド」１発でアメリカ兵28人が死亡、97人が負傷した。警報が出ていたのにそれを無視して昼食を取っていたためだ。

ウクライナ戦争ではロシアはかなりの数のミサイルを発射しているが、報道された死者は１発当たり２人、３人程度が多いようだ。

「トマホーク」の弾頭は450kg、あるいは318kgだが、潜水艦や水上艦から敵の目標に対し数発を発射しても、相手が怯えて攻撃を控えるような抑止力になると思えない。また、「トマホーク」の射程は1600kmだが、時速880kmの低速だから、相手は日本にミサイル発射した後、発射機を隠し地下壕に入る余裕は十分にあり、こちらは反撃がしにくい。トマホークは相手の対空ミサイル、対空砲火で撃墜されやすい弱点もある。

第4章　つくられた危機

法と秩序――アメリカは守ったか

日本人の多くは、「日米安全保障条約」によって、日本はアメリカに守ってもらっていると思い込んでいるが、それは一種の信仰、幻覚にすぎない。

在日アメリカ軍で日本防衛に当たっているのは一兵もいない。防空は1965年以降航空自衛隊が全面的に責任を負っており、アメリカ軍で日本にいる唯一の地上戦闘部隊である海兵隊の沖縄駐留は、韓国や東南アジアへの出撃のための待機であって、日本の防衛のためではない。冷戦時代に日本を守るなら北海道に配備したはずで、沖縄にいたのはそこが最も安全だったからだ。

私が嘉手納基地を訪れた時、広報係の大尉がアメリカ本土からの視察団に「本基地の価値」を説明するためのスライドを見せ「ここはソ連の戦闘機の行動半径外で安全。爆撃機は届くがそれは日本空軍が迎撃します」と言ったので笑ってしまった。アメリカ軍は自衛隊に守られているのだ。

海軍も、第7艦隊の巡洋艦、駆逐艦はアメリカ空母と海兵隊を運ぶ揚陸艦の護衛が任務で、日本の商船を守るわけではない。

日本が守られているというのはただ一つ「核の傘」だ。しかしそれは日本の核武装を阻止することを第一の目的としていたNPT（核拡散防止条約）を冷戦さなかのアメリカとソ連が協力して作った結果であって、傘を持たせず自分の傘に入れてやるから有り難く思えというような形だ。

もし、日本が攻撃を受けた場合、アメリカが核で反撃すれば自国も核攻撃される可能性があり、それを避ける状況も考えられる。日本にしっかり防衛しろとアメリカ製兵器の購入を求めるが、核を持つことは断固阻止するのがアメリカの一貫した政策だ。

岸田文雄首相は、2022年9月の国連総会での演説や23年5月のG7広島サミットなどで「法の支配に基づく国際秩序」の重要性を訴え、G7諸国の結束を呼びかけてきた。「法と秩序」はドナルド・トランプ前アメリカ大統領のお気に入りのスローガンで2020年の大統領選挙ではそれを連呼し、当時起きた警察官による黒人殺害に対する抗議運動の拡大に対処しようとした。トランプ氏は、大統領選挙で落選が決まりそうになると「盗まれた選挙」と称して開票者に票数の変更を指示し、議会に詰めかけた支持者に「我々は死ぬ気で戦う」と叫んで扇動、暴徒は議事堂に突入した。後には一族企業の脱税や機密書類の持ち出しも発覚、とんでもない「法と秩序」大統領だった。

「法と秩序」を最初に唱えた大統領は、1969年に就任したリチャード・ニクソン大統領らしい。ベトナム戦争の末期、反戦運動が全米に広がる中、取り締まりを強化する標語で弾圧のにおいがあった。結局は中国に頼んで当面南ベトナム政府を残してアメリカ軍が撤退することで面目を保った。

前述したように、日本は1972年9月の「日中共同声明」、アメリカは79年1月の「米中共同コミュニケ」で中国と国交を樹立、日米とも、中華人民共和国政府が唯一の合法政府であるとの中国の立場を、日本は「深く理解し尊重」、アメリカは「認識(Acknowledge)」するとしている。中国と外交関係を結んでいる181もの国は中国が一つであることを認めているから、日本が「日中平和友好条約」を破棄する突飛(とっぴ)な行動をするとは思えない。もしアメリカが武力を行使して台湾を分離独立させようとすれば、ウクライナにおけるロシアと同じ立場になり、「法と秩序」は吹き飛ぶことになる。

岸田首相は国連演説の中で「脆弱な国にとってこそ法の支配は重要」と述べた。それは正しいだろうが、その理念を貫くためには、圧倒的な軍事力を持つ覇権国であるアメリカが国際法に反する行動をしようとする場合、それをたしなめる勇気はなくても巻き込まれない手腕が必要だろう。

国連軽視、人権無視のイラク攻撃

そのようなアメリカの行動の一例は、２００３年3月ジョージ・W・ブッシュ大統領（子）が始め、11年12月にバラク・オバマ大統領による終結にかけてのイラク戦争だ。１９９１年の湾岸戦争後、国連調査団等はイラクが保有する大量破壊兵器（核、化学、生物兵器、射程１５０㎞以上の弾道ミサイル）の査察を行ったが、当初、イラクは非協力的だったため、アメリカ軍は再爆撃を行い「トマホーク」による攻撃を加えた。また、イラク北部、南部には飛行禁止地域を設定し、地上からアメリカ、イギリス軍機にレーダー照射があっただけで爆撃することを日常化して、圧力を加え続けた。

95年にサダム・フセインの娘婿で工鉱業大臣だったフセイン・カメル中将がヨルダンに亡命、兵器の製造、備蓄を語ったためイラクも諦めて査察に協力的となった。98年末までに核、化学兵器に関する施設はすべて破壊されたが、病院で診断に使う細菌培養器の査察だけが済んでいなかった。

アメリカ軍は12月17日からイラク各地に猛爆撃を行ったが、査察がほぼ終わっていたのに3日間も猛爆撃したのは不可解だった。ビル・クリントン大統領（民主党）がホワイトハウスの書庫で実習生と不倫をしていたことを弾劾裁判にかけるか否かを決める下院の審議は17日に行う予定だったから、共和党は「国民の目をそらすために爆撃した」と非難した。

２００１年に大統領になったジョージ・W・ブッシュ氏（子）は、同年9月11日に発生した大規模テロ事件の報復にアフガニスタン攻撃を始めると同時に湾岸戦争後もイラクに残ったサダム・フセイン政権を撃滅して父を凌（しの）ぐ功績を上げようとしたようで、攻撃の口実を求め、就任直後からイラクがなお大量破壊兵器を所有しているとの情報収集に努めた。

イラク戦争　移動の合間の休憩で停まっているアメリカ海兵隊車両

怪しげなイラク人亡命者の偽情報に飛びついた2002年秋からイラク攻撃を公言してペルシャ湾岸に兵力を送り、国連に「イラクが大量破壊兵器を廃棄し検証に協力する義務に違反している」との非難決議を求め、安保理決議1441が採択された。そのためイラクは査察団を受け入れ02年11月27日から再査察が行われた。

2003年3月7日、安保理で査察団の報告が行われた。核兵器についてはアメリカが怪しいと言う地点すべてを含む147か所で247回の査察を行ったが「核に関する活動が再開された証拠はない。97年に解体は済んでいる」との報告があり、生物、化学兵器については731回の査察を行ったがアメリカ政府が主張した兵器備蓄や活動の証拠は発見できなかった。イラクの申告に虚偽があったり協力をしなかったという報告もなかった。

このため安保理はアメリカ、イギリスが求めた武力行使容認決議を当然行わなかった。フランスのドミニク・ド・ビルパン外相は「それでもまだ怪しいと思うなら査察を続ければよい。武力行使は不必要だ」との演説を行い、満場の拍手を得た。

これに対しブッシュ大統領は「アメリカが安全保障に必要な行動を取るのに国連の許可を得る必要はない」と、国連を踏みにじる捨てぜりふを吐いて軍に攻撃を命じ、イギリスもそれに加わった。

国連憲章は武力行使を受けた場合の自衛（第51条）か、安保理が容認した場合（42条）以外に武力行使はできないことを定めており、アメリカ、イギリスとそれに追随したオーストラリア、ポーランド（工兵隊）のイラク侵攻は違法と考えられる。

アメリカ軍は4月9日、バグダッドを制圧し、ブッシュ大統領は太平洋上の空母リンカーン艦上で勝利を宣言したが、サダム・フセイン政権打倒後、それに仕えていた公務員を追放し、治安維持や行政を考えていなかったため、イラクは大混乱に陥った。反米ゲリラの抵抗やイラク人の間での宗派対立、勢力争い、「イスラム国」の出現などにより、アメリカ軍は8年9か月苦労した後撤退することになった。

イラクの宗派構成はシーア派が60％余り、スンニ派が30％余りだが、伝統的にスンニ派が支配層に多かった。イラク戦争による混乱で、人口が多いシーア派が政権に進出、同じシーア派のイランとの関係が強まった。アメリカはイラク戦争の挙句、敵対してきたイランを利する結果となった。

この戦争によるアメリカ軍の死者は約4500人、従軍した警備会社員が1000人以上と見られる。イラクの民間人の死者は11万5000人と、アメリカのブルッキングス研究所は推定している。また、この戦争中約7000人がイラクのアブグレイブ刑務所に収容されてアメリカ軍による拷問、虐待を受け、また、アメリカCIAは世界各地でイスラム過激派のテロリストらしい者779人を拉致してキューバのグアンタナモ海軍基地の檻に入れて拷問し、裁判もせずに閉じ込めていた。こんな「法と秩序」に反する行為を知りながら「共通の価値観」を抱く日本人が多いとは思えない。

アメリカはベトナム、アフガニスタン、イラク、セルビア、シリア内戦での反徒支援と、自国にとっても有害無益な軍事行動を繰り返してきた。アメリカが育てた猛犬サダム・フセインを捉えた湾岸戦争と今回のウクライナ支援だけが例外と言えよう。

もしアメリカが中国と戦い長期戦で巨額の浪費の末にまた撤退、となっては世界最大の対外純債権国でもっぱらアメリカに融資している日本にとっても大災厄だ。アメリカとともに戦うよりは、戦争をさせないように努力するのが、真の安全保障政策だろう。

同盟が生んだ世界大戦

現在のアメリカと中国の関係に似た状況は、第1次世界大戦前、1900年代初期のイギリスとドイツでも起きた。プロイセンが中心のドイツ連邦は1871年にフランスを破ってドイツ帝国を結成し、工業が急速に発展。生産額は20年で約3倍にもなって、イギリスをしのぎ、アメリカに次ぐ第2の工業国になった。29歳でドイツ皇帝になったウィルヘルムⅡ世はアメリカの海軍戦略家アルフレッド・C・マハン少将の『海上権力史論』を座右の書とし、「我々の未来は海洋にある」と唱え、陸軍大国ドイツを海軍国にもしようとした。

1898年に「建艦法」を制定、7年間で戦艦12隻、巡洋艦33隻を建造させた。国民もそれを歓迎したから、1900年に「第2建艦法」を成立させ、戦艦は36隻にすることになった。これはドイツがイギリス海軍をしのいで海洋を支配する意図と見えたから、イギリスはそれまで対立していたフランスとロシアに接近、「英仏協商」「英露協商」が結ばれた。近年アメリカ海軍が中国海軍の拡大を警戒し、中国包囲網形成に努めるのは第1次世界大戦前のイギリスに似ている。

ドイツの軍艦建造に負けじとイギリスも新鋭の「ドレッドノート級」戦艦などの建造を進め、予算獲得にドイツの脅威が宣伝された。実はイギリス海軍の方がはるかに優勢で1914年に第1次世界大戦が始まった時点で、ドイツ海軍が戦艦37（うち旧式22）、巡洋戦艦9、巡洋艦44だったのに対し、イギリス海軍は戦艦61（うち旧式40）、巡洋戦艦9、巡洋艦97を持っていた。1916年5月の「ユトランド沖海戦」でドイツ海軍は善戦したが、イギリスの制海権は全く揺るがず海上封鎖を続け、ドイツは主として潜水艦によるゲリラ的攻撃で対抗したが、食糧不足に苦しみ降伏した。

開戦前の欧州では英独建艦競争はあったものの有力政治家や財界人の間では「戦争にはなるまい」との楽観論が一般的だったようだ。経済発展が著しいドイツにはイギリスからの投資、融資が増え続け、ドイツの工業製品の最大の輸出先はイギリスで相互依存の仲だった。先見性に優れた経済学者は「近代戦争では砲弾、兵器の消費が絶大になり、経済関係が遮断される大国同士の戦争は双方の経済、財政に取り自殺的」と論じていた。

当時のイギリスとドイツは建艦競争をしつつも、経済、外交関係では悪化は防がれていたのだが、両国の大衆には敵対意識が高まっていた。義務教育の普及で新聞を何とか読める人々が増え、発行部数を競う新聞は戦争の危機を訴えて愛国心を煽った。それが一因で「戦争にはなるまい」との理知的予想は外れることになった。

1914年6月28日、オーストリア・ハンガリー帝国の皇太子夫妻がセルビア人青年に射殺されると同盟網が導火線になって、宣戦布告後わずか1週間で戦火は欧州に広がり、セルビア、イギリス、フランス、ロシア、アメリカ、日本など16の「協商国」軍約4200万人と、ドイツ、オーストリア・ハンガリー、トルコ、ブルガリア4国の「連合国」軍約2500万人が戦う大戦争になった。双方の戦死者は900万人、民間人死者は700万人以上とされる。

本来2人がテロで殺され、もし戦争になってもセルビアとオーストリア・ハンガリーの局地戦で落着するはずだったのが、複雑な同盟網のために大戦争になり、ドイツ、ロシア、トルコ帝国は崩壊、世界一の債権国だったイギリスをはじめ、フランス、イタリアなどはアメリカに巨額の債務を負って没落した。「戦争にはなるまい」との学者たちの見立ては外れたが「戦争をすれば共倒れになる」との終末の予測は当たっていた。

日本陸軍はこの戦争の初期に中国青島のドイツ軍要塞を1週間の攻撃で陥落させ、海軍は青島から脱出したドイツ艦をイギリス海軍とともに追跡、地中海で協商軍の輸送船をドイツ潜水艦から守る護送をするなどしたが、4年3か月の戦いで日本軍の死者はわずか415人だった。アメリカはこの戦争が1914年8月に発生してから17年4月まで中立を守り、その後遠征部隊を編成して欧州に渡って訓練したから、本格的戦闘をしたのは終戦前の半年ほどだった。

イギリス、フランス、ドイツなど欧州の国は武器、弾薬など軍需品生産に全力を挙げて、民需品は不足した。日米企業は、イギリス、フランスなどに武器、船舶を輸出するほか、民需品の注文に応じ、さらに日本は従来のイギリス、フランスのアジア市場もいただいて「成金」が輩出した。

第1次世界大戦後には同盟が戦争を拡大させる危険が認識され、同盟網に代わる集団的安全保障制度として「国際連盟」が結成された。平和を乱す国に対しては加盟国全員で制裁をしようというウッドロウ・ウィルソン・アメリカ大統領の構想だったが、第2次世界大戦を防ぐ効果はなかった。どの国も自国の利害を重視するから、集団的制裁は一致しにくく、アメリカ議会は自国の大統領が提唱した「国際連盟」に反対、加盟させなかった。

戦争を引き起こす偽情報

戦争を引き起こす点で、空中、海上の偵察行動に対する針路妨害による衝突よりはるかに危険なのは、偽情報だ。1964年8月2日、アメリカ駆逐艦「マドックス」は南ベトナムの特殊部隊を潜入させるため、北ベトナムの領海のトンキン湾に侵入したが、北ベトナムの魚雷艇3隻に見つかり、機関銃による射撃を受けた。「マドックス」は直ちに反撃し、魚雷艇1隻を撃破、他の2隻にも損害を与えた。「マドックス」には機銃弾が当たっただけだった。

同月4日夜「マドックス」は僚艦「ターナー・ジョイ」とともに再び北ベトナム沿岸に偵察のために出動、「ターナー・ジョイ」はレーダーで北ベトナム艦艇らしい目標を捉え射撃したが、結果は不明だった。

この小競り合いは北ベトナム領海内で起こったが、アメリカ海軍は「アメリカの軍艦が公海を航行中に北ベトナムの攻撃を受けた」と発表、リンドン・ジョンソン・アメリカ大統領はそれを議会で演説「アメリカ艦が攻撃を受けた」と訴え上下院は圧倒的多数で大統領が報復措置を取るよう決議した。

大統領の指示を得たアメリカ海軍は北ベトナムの魚雷艇基地と燃料タンクに空母機による爆撃を行い、アメリカは本格的にベトナム戦争に突入した。

8月4日のトンキン湾でのアメリカ艦に対する攻撃事件が捏造(ねつぞう)だったことは1971

年6月『ニューヨーク・タイムズ』紙が機密文書を報じて社会に知られた。議会は大統領に攻撃を許した7年前の決議を取り消したが手遅れで、8年間の戦争でアメリカ軍は死者5万7000人、重傷者15万3000人を出し、南ベトナム軍は18万5000人が死亡、他に韓国軍など6000人以上が死亡した。相手の北ベトナム軍と民族解放軍の死者は92万4000人。民間人死者は南ベトナムで41万5000人、北ベトナムで6万3000人と言われる。アメリカの戦費は間接費を含め2400億ドルで、今日の価値では約6000億ドルに相当する。

ベトナムは1954年にフランス軍を降伏させて完全に独立したため、アメリカでは共産主義がアジア全域に広がるとの「ドミノ（将棋倒し）」説が唱えられ、南ベトナム政府を擁立してそれに対抗しようとした。

だがベトナム軍のフランス軍に対する強みは地元民衆の支持だったから、ベトナムの影響が及ぶのはせいぜい旧フランス領のカンボジア、ラオスだけで、マレーシアやタイなどを支配する可能性は低かった。まして、ベトナムがアメリカにとり脅威になる力はなかったから「ドミノ」説で戦争を煽るのは危険なマインドコントロールで、「トンキン湾」事件は好戦的な政治家や軍人が国を危うくする危険があることを示した。

この事件後にも情報捏造はなくならず、2003年3月のイラク攻撃の前に国連の大量破壊兵器調査団は3か月もイラクで再調査を行い「大量破壊兵器はなかった」と安全保障理事会で報告したのに、ジョージ・W・ブッシュ大統領（子）はそれを無視、安全保障理事会の許可を取らずイラクを攻撃した。イラク人亡命者が持ち込んだ虚偽情報を大統領とその取り巻きが信じたようで、イラク全土を占領し、徹底的に探しても何も発見できなかった。イラク戦争ではアメリカ軍に死者4500人、負傷者3万人、民間人死者は11万人とされるが、「20万人以上」との説もある。亡命者はアメリカの力で政権を倒して返り咲きすることを狙い、アメリカ人の気に入るような「情報」を持ち込んで取り入ったのだろう。

亡命者の話に嘘が混ざっていることがあるのは常識で、それに騙(だま)されるほど、アメリカの首脳部はレベルが低いのか、と他国のことながら腹立たしい。イラクにあるアブグレイブ刑務所、キューバのグアンタナモ・アメリカ軍基地での捕虜虐待は、無論、国際法違反だった。

１９９１年３月24日から79日間もＮＡＴＯ加盟国13か国の１２００機がセルビアを爆撃したのも国連安保理決議の許可を受けず、ＮＡＴＯ諸国の自衛でもないから侵略行為だった。セルビアの西側アルバニアから移住者の集団が無許可で続々とセルビア発祥の地コソボに流入、その人口はコソボのセルビア人を超えた。それを押し返そうとしたセルビア軍、警察隊と衝突したアルバニア人は「コソボ解放軍」を作って対抗した。ユーゴスラビア内戦でセルビアと戦っていた北部のクロアチアは「コソボ解放軍」を支援し、ニューヨークの政治広告会社ルダー・フィン社を紹介した。依頼を受けた同社は、セルビアを巨悪と思わせる宣伝をアメリカの政治家、官僚、メディアなどに大量に送付して「１００万人がセルビアによる『民族浄化』で虐殺されている」と伝えた。

アメリカの国務省はそれに騙され「約50万人が行方不明。死亡の可能性あり」と発表。セルビアに停戦を求めた。だが「コソボ解放軍」とセルビア治安部隊との戦闘は止まらず、アメリカを中心とするＮＡＴＯは13か国の空軍１２００機でセルビアを79日間猛爆撃し、セルビアを屈服させ、コソボを占領した。首都ベオグラードの中国大使館や病院、テレビ局なども爆撃やトマホーク攻撃の標的となった。当時私はベオグラードに宿泊し各地を回ったが、石油工場でアメリカのF16戦闘爆撃機4機の空襲に遭い、200mほどの距離で石油タンクが被弾、炎上する状況を体験した。

コソボを占領したNATO軍は大虐殺の証拠を求め、「コソボ解放軍」の協力を得て集団墓地などを掘り返したが、11月中旬に捜査を終了するまで2108体しか発見できず、それは前年からの「コソボ解放軍」とセルビア治安部隊の戦闘による死者で、NATO諸国は偽情報に踊らされ、違法な攻撃をしていた結果となった。それを煽った政治広報会社ルダー・フィン社の幹部は「民族浄化のキャッチコピーを使ったことで広報が成功した」と謀略の腕前を誇った。

権力者の思い込みを助長する情報機関

2001年10月にアメリカ軍の攻撃で始まり20年も続いたアフガニスタン戦争も合法性が疑わしい戦争だった。1998年8月、ケニアのナイロビとタンザニアのダルエスサラームでアメリカ大使館が爆破され計243人が死亡した事件が、オサマ・ビン・ラディンが率いるイスラム原理主義者集団「アルカイダ」の犯行と見たアメリカは、アフガニスタン東部の訓練場とスーダンにあったビン・ラディン系列の薬品工場を「トマホーク」で攻撃した。ビン・ラディンがナイロビなどでのテロ事件の黒幕であったとしても、アフガニスタンが国家としてアメリカを攻撃したわけではなく、同国に居住する外国人が犯行を指示しただけだから、アメリカのアフガニスタン攻撃は自衛権行使には当たらないとの論は他の国々で出ていた。

２００1年9月11日にニューヨークの世界貿易センターとペンタゴンに対する大規模テロ事件が発生、アメリカはアフガニスタンにビン・ラディンの引き渡しを求めた。アフガニスタンは「彼が犯人である証拠を示せば引き渡す」と回答した。だがアメリカは証拠を持っていなかったから「アフガニスタンはテロリストをかくまっている」として、10月7日からイギリス軍と合同でアフガニスタン各地を航空機とミサイルで攻撃した。アメリカとアフガニスタン間には犯罪人引き渡し条約がなかったし、それがある国々の間でも相当有力な証拠がないと引き渡せないのだから、アフガニスタンの応答は当然だった。

アメリカ軍はアフガニスタンのタリバン政権に圧迫されていた軍閥を抱き込みタリバンを一時壊滅させるのに成功したが、天性のゲリラ兵であるタリバン兵は武器を携えて郷里に戻ったり、北東部の山岳地帯に隠れたりしただけだったから、数年後に勢力を回復、アメリカ軍は死者約2500人、負傷者2万人を出し2021年に撤退した。

アメリカ軍が、フランス軍が降伏した後のベトナム、ソ連軍が敗退した後のアフガニスタンに入って敗北したのは自国の力を過信し、歴史を軽視したためだろう。

アメリカは2011年3月に起きたシリア内戦でも失敗した。シリアを支配してきたアサド家は、イスラム少数派のアラウィ派（人口の12％）に属し、大多数はスンニ派（約72％）だから内乱が起これはスンニ派の軍人も大衆も反政府派に付くはず、との目論見だったようだ。

アメリカは反乱軍による「自由シリア軍」の結成を計画したが、アメリカの背後にはシリアの宿敵のイスラエルがいることはわかっていたから、「自由シリア軍」に加わる軍人は少なかったため、アメリカはスンニ派のサウジアラビアなどの援助を得て外国のイスラム過激派を傭兵とした。

このため、シリアの反政府軍はアルカイダ系の「ヌスラ戦線」などが中心となった。アメリカ国内では、アメリカがアルカイダを支援することに批判が出たため、CIAなどがアルカイダでない反政府勢力を探し、あまりの凶暴さでアルカイダから破門されていた「イスラム国」をヨルダンの秘密基地で訓練し、武器、車両などを供与した。これがシリア内で勢力を強めただけでなく、イラクに進出したため、アメリカはそれを叩かざるを得なくなり、親シリア派のロシアとともに「イスラム国」を航空攻撃し、「イスラム国」は討伐された。

シリア政府軍は政府に忠誠で、中核部隊は善戦していたが、内戦の中で脱走する兵が出て徴兵制度も機能しにくくなり、陸軍は内戦発生時の21万5000人が13万人に減った。だが外国人傭兵など反政府軍の横暴に怒る各地の住民や、人口の10％のキリスト教徒からアサド政権護持を叫ぶ民兵約10万人が現れて、正規軍の穴を埋めた。

反政府勢力はシリアの北西部の一角に追い詰められていたが、その金主だったスンニ派のサウジアラビアが、2023年4月、中国の仲介でシリアとの国交回復で合意したことで、シリアのアサド政権の勝利が決定した。

アメリカが、巨大で技術が最先端の情報機関を持ちながら、次々に虚報、誤報に踊らされ多数の死傷者を出し巨額の失費を続けてきたのは不可解だ。トンキン湾の駆逐艦が「公海を航行中に攻撃を受けた」と報告してきても、司令部が詳しい報告を求めれば、怪しいとわかったはずだ。捏造報告が大統領に達し、議会が開戦を決議したから、ベトナム戦争を始めてアメリカ軍人だけで5万7000人もの死者が出て、アメリカは最大の債務国に転落する大戦争に突入したのだ。

また、「イラクがなお大量破壊兵器を保有している」との虚報を持ち込んだイラク亡命者の素性を調べなかったのか、「コソボで移住者100万人が虐殺されつつある」と、アメリカの政官界とメディアに触れ回った広報会社の情報の出所はどこか、「シリア軍はアサド政権打倒に決起する」との情報判断はどの国から出たのか、などをアメリカ情報機関が正確に把握し、報告が政府首脳の信頼を得ていれば戦争は避けられた可能性が高い。

アメリカの情報機関は18もあり、年間予算は2005年に440億ドル（秘密だったが高官が会合で口をすべらした）、人員はおそらく15万人程度と推定される。

アメリカ情報機関は地表撮影用の偵察衛星18機、電波傍受用の電子信号衛星27機など情報収集衛星60機を持つ。電話、インターネット等の傍受はイギリス、カナダ、オーストラリア、ニュージーランドと共同で行い、50か所以上の傍受局があり、同時に数百万の通話を盗聴できるが外国語のさまざまな方言を翻訳する能力に限界があるとも言われた。今日では固定電話よりスマートフォンやインターネットの通信量が多いが、自動翻訳が普及したから、アメリカ情報機関はさらに広い傍受能力を持つかと考えられる。

それほどの情報収集能力を持ちながら虚偽情報に引っかかるのは、情報を求める大統領とその側近などの権力者が自分の気に入る情報を注文するためだろう。

例えば「イラクが大量破壊兵器をいまだに持っているという情報はないか」と副大統領などがCIAに言うと、CIAは多くの情報機関にその旨を伝え、注文に合った情報を上げようとし、「既にすべて廃棄済み」との情報は日の目を見なくなる。こうなると情報機関は一部の権力者の思い込みを助長するだけの組織になってしまう。

他国と対立した場合、国民の多数は当然自国を支持するから議員は強硬論に傾きがちで、慎重な政府を「弱腰」と批判し国を窮地に追い込むことになりかねない。対外強硬論者は自分を「愛国者」と思っているのだろうが、そういう人々が国家に多大の損害をもたらした例は多いのだ。

ホワイトハウスとキャピトルヒル――アメリカの2つの政府

ジョー・バイデン・アメリカ大統領は、2020年の選挙の当時から政権が発足した2021年にかけてはアメリカ大衆の反中国感情と強硬派国会議員に迎合したのか、時によりドナルド・トランプ氏以上に中国に対し厳しい姿勢を示し、副大統領時代から旧知の間柄だった習近平中国国家主席を「悪党」と呼ぶほどだった。

日本に対しては2021年に訪米した菅義偉（すがよしひで）首相との会談で中国からの挑戦に対する日米協力や台湾海峡の安全維持などが語られ、その後の日本の防衛力強化の路線を敷いた。アメリカは台湾を国家として認めていないから、アメリカにいる台湾の経済文化代表処の職員が官庁を訪れアメリカ側と協議することはできなかったが、バイデン政権はアメリカの沿岸警備隊と台湾の海巡署が協力関係をつくり、情報交換する覚書を締結したから、台湾を半ば国家として扱うことになった。

また、アメリカ軍人約50人を台湾軍の訓練のために派遣したから、米中国交正常化の際に合意したアメリカ軍の台湾からの完全撤退に反することになった。台湾へのアメリカ軍派遣は近く200人程度になると、アメリカで報じられている。

1972年のリチャード・ニクソン大統領の訪中で合意された「米中共同声明」をはじめとする一連の共同声明は、ベトナム戦争の泥沼で苦戦していたアメリカ軍が「名誉ある撤退」をできるよう中国に頼み込み、北ベトナムの支援をしていた中国が「南ベトナム政府は当分残してアメリカ軍を撤退させよう」と北ベトナムを説得、アメリカ軍は一応体面を保って帰国できた。アメリカ軍の台湾からの撤退はその時の仲介料の一部のような形だ。

アメリカ自身が「台湾は中国の一部」と認めながら、中国に無断で軍隊を駐留させるのは覇権国の横暴と考えざるを得ない。

ところが最近、バイデン大統領は中国との関係の改善を求めている。2023年5月25日、ジーナ・レモンド商務長官は王文濤(おうぶんとう)商務相とワシントンで会談し、貿易等の懸案に関する意見交流を維持・強化することで合意したと伝えられる。ウイリアム・バーンズCIA長官は5月密かに訪中し、中国の情報当局者と意思疎通の重要性で会談、ジェイク・サリバン大統領補佐官（安全保障担当）は、中国の外交トップの王毅（おうき）政治委員と5月11日ウィーンで会談した。

国防長官ロイド・オースティン陸軍大将は中国の李尚福（りしょうふく）国防相とシンガポールで開かれた「アジア安全保障会議」の際に会談しようと申し出たが、アメリカは李尚福国防相を制裁対象としているため、会談を断られた。だが夕食会ではオースティン国防長官が近寄って握手だけはしたそうだ。

バイデン大統領は5月21日G7広島サミット後の記者会見で中国との関係は「雪解けが近い」と語っている。また、オースティン国防長官は6月3日シンガポールでの「アジア安全保障会議（シャングリラ会合）」で演説し「台湾海峡で紛争があれば壊滅的だ。それが迫っているわけでも避けられないわけでもない」と述べ、偶発的衝突を避けるための仕組みを望み、中国との意思疎通を図る意欲を示した。

これらの動きを見ればバイデン大統領は２０２２年11月バリ島での対面会談に続く米

中首脳会談で関係改善を図ることを目指しているとも考えられる。

他方、２０２２年9月にアメリカ議会はアメリカにいる台湾公務員に外交特権を認めて、同盟国のように扱い、攻撃的兵器を供与、４年間に45億ドル以上の軍事資金を提供するなど、「台湾有事」を招きかねない「台湾政策法（Taiwan Policy Act of 2022）」を可決していた。バイデン大統領は12月23日、その法を取り込んだ「２０２３年度国防権限法（National Defense Authorization Act 2023）」に署名して成立させた。

日本、イギリスのように議会の多数派が首相を決める議院内閣制と違い、アメリカ大統領は直接選挙で選ばれるから、与党が議会の少数派であることはよくある。しかも党議拘束がないから、議員は自分の判断で賛否を決める。上下両院は立法権を持つだけではなく、予算を決定し、上院は大統領が指名した高官人事の承認権も持つから、アメリカ議会は大統領行政府と並ぶ権力を持っている。議員は選挙区の住民の意思を政治に反映するのが本来の任務だから、国際問題の知識が少ない選挙民の感情に迎合しがち、とも言われる。

大統領府のエリートたちが「中国との戦争になればアメリカにも不利」と考え関係改

善を図っても、「中国が間もなくＧＤＰでアメリカを抜く。その軍事力は脅威だ」と聞いたアメリカの大衆が反中国感情を抱くのは自然の勢いだ。中国との関係を険悪化する「台湾政策法案」を支持する議員が多く、大統領もその流れに逆らえず、渋った後に署名したものと思われる。

大統領を議員が決めるのではなく、国民が直接選び、議員は党に縛られず自由に投票できるアメリカの制度は、日本やイギリスの議院内閣制よりも民主主義に合致しているのだろう。だがホワイトハウス（大統領府）とキャピトルヒル（議会）が並立し、１国に２つの政府が現れては、特に対外政策で整合性が損なわれることもある。

慎重派が多いアメリカ陸軍

バイデン政権が中国との関係改善を図ろうとする一方、アメリカのインド太平洋軍司令官ジョン・アクイリノ海軍大将はアメリカ下院軍事委員会で「中国の台湾侵攻はもはや可能性の問題ではなく、時期の問題、早ければ今年にもやってきそうだ。有事の場合には戦って勝つ」と元気いっぱいの発言をした。

アメリカ海軍は第2次世界大戦で日本海軍を壊滅させて以降、本格的な海戦をしたことがない。その後ははるか沖合の空母から飛行機を出して爆撃させる安全な任務が主だったから、戦争の苦労を知らず好戦的になりがちかと考える。

他方、アメリカ陸軍は、第2次世界大戦末期にもアルデンヌで反撃に出た強敵ドイツ軍や島々で必死に抵抗する日本軍と戦い、朝鮮戦争では一時は朝鮮半島のほぼ全域を制圧したが、中国軍が参戦すると総崩れになってソウルの南60㎞まで約300㎞も退却、その後ソウルは奪回したが、結局、ソ連の提案を受けて休戦に合意した。ベトナムでも苦戦し中国の調停で撤退。アフガニスタンでは敵タリバンと20年戦って撤退した。戦闘と国際政治で苦労し続けてきただけに、アメリカ陸軍首脳は視野が広く慎重な人物が多いように思われる。

朝鮮戦争では第2次世界大戦で欧州戦線の総司令官だったドワイト・アイゼンハワー大将が大統領になっていて、韓国の抵抗を押し切って北朝鮮、中国と休戦、何とか「引き分け」にこぎつけた。その腹心だったマシュー・リッジウェイ大将（GHQ最高司令官・のち陸軍参謀総長）はベトナム派兵に反対だったし、陸軍参謀総長エリック・シンセキ大将（日系人）は議会でイラク攻撃に慎重な発言をし事実上更迭された。概して優秀な将軍ほど長期戦になる公算が大きい戦争を避けようとするのは当然だろう。

バイデン大統領の戦略参謀であるオースティン国防長官（陸軍大将）は、大統領が対中戦争を避けようとしていることに賛同、突発的な不測の事態が戦争の火種とならないよう中国と協定を結ぼうとしているようだ。

そうした例には冷戦時代の1972年に米ソが結んだ「海上事故防止協定」がある。当時、アメリカ海軍は空母3〜4隻をウラジオストク沖に集め、多数の艦載機を発進させるなど威嚇を繰り返していた。それに対し空母がないソ連は爆撃機の編隊をアメリカ空母の直上に飛ばし、爆弾倉の扉を開けて脅かした。ソ連の駆逐艦はアメリカ軍の艦載機が空母に着艦しようとするとき、前を横切って空母の進路を変えさせて着艦を妨害、アメリカの駆逐艦はソ連の駆逐艦が空母に近づけないよう割って入るなど、まるで暴走族の不良少年のような突っぱり合いを行い、時折、米ソの駆逐艦が接触、小破することもあった。

両方の海軍の上層部は「奴らはばかげたことをやっている」と思ったようで、危険防止の協議を始め、禁止事項や連絡の方法を決めた。これは米ソが第2次世界大戦後初めて結んだ軍事協定だった。

今日の中国沿岸では、アメリカ海軍は露骨な威嚇をしているわけではないが、潜水艦を付け回して音紋を録音したり、電波傍受や水温、潮流などのデータを収集し戦争に備えているから中国側は警戒し、海岸から200海里（370㎞）の「排他的経済水域（EEZ）」で外国が中国に無断で情報収集するのを阻止しようとする。

だがEEZで沿岸国が独占できるのは、水産や鉱物資源などの経済に関するものだけで、軍事情報に関する権利は持たないから外国の艦船や航空機がEEZで情報収集をしていても取り締まりはできない。家の前の公道を怪しげな者がしばしば徘徊(はいかい)していても追い払えないのと同じだ。

中国側は不快だから艦船や戦闘機で嫌がらせをするのだが、これは戦争を招きかねない危険な行動だ。もし、事故が火種になって戦争になれば、双方にとって破滅的な損害になるから、「安全第一」を目標にしばしば会談し、できるだけ信頼感を高めるのが、オースティン大将の言う通り、双方にとり得策だろうが、それは簡単ではなさそうだ。

「台湾有事」で日本は破滅的損害

オースティン国防長官は2023年6月3日「台湾有事は迫っているわけではなく必然でもない」とシンガポールでの東アジア安全保障会議の講演で語ったが、日本にとっても中国との戦争は何とか避けるべき事態だ。

米中2大大国が戦争をする事態になれば、日本が「トマホーク」を買ったり国産の「12式地対艦誘導弾能力向上型（射程1000ないし1500km）」を持っても、それは微々たる戦力にすぎず、戦争が始まって後に反撃しても抑止力にならない。

米中両軍は対地ミサイルや航空機で攻撃し合い、まずは沖縄県の嘉手納、山口県の岩国、東京都の横田、青森県の三沢の航空基地と、神奈川県の横須賀（よこすか）、長崎県の佐世保（させぼ）の軍艦が第1優先目標として狙われるだろう。アメリカ軍が航空機を分散配置しているなら、自衛隊の飛行場と民間空港も目標になろう。

当初は純粋の軍事施設を狙うだろうが、その後は橋や鉄道、道路の分岐点、商港などの交通の要衝や発電所、石油タンク、ガスタンク、工場など准軍事施設を破壊し継戦能力の弱体化を図るのが定石だろう。そうなれば、民間人の犠牲も増える。

中国は日本を狙うのに適した中距離ミサイルの発射機約200輌を持っていると、『ミリタリーバランス』は記述している。発射機1輌当たり平均5発のミサイルがあるとして、1000発になる。通常（火薬）弾頭のミサイルはしょせん爆弾1発だから効果はさほど大きくない。第2次世界大戦末期にドイツは弾道ミサイル「V2号（射程320㎞、爆弾1t）」を量産、ロンドンに517発が落下、2700人が死亡した。1発当たり5・2人だった。

ミサイル攻撃による被害者は案外少なくても、中国が日本に向け1000発のミサイルを発射し、1発当たり3人死亡と仮定すれば死者は山勘で3000人、負傷者は死者の2倍以上が普通だから6000人余りにもなると考えられる。

この他自衛隊艦艇の乗員や駐留軍基地の労働者（約2万6000人）、アメリカ軍との共用基地に勤務する自衛官などに死傷者が多数出る可能性もある。もし「水陸機動団

（計画3000人）」など、陸上自衛隊の部隊が台湾や南西諸島で中国軍と戦えば相当の損害は避け難い。

戦争になれば経済への打撃は甚大だ。2020年の日本の輸出の22％が中国向けで、香港向けが5％、台湾向けが6・9％だから「台湾有事」が勃発し、運輸が止まれば輸出は33・9％減になりそうだ。輸入は中国から26％、香港から4・2％、台湾から4・2％で計34・4％だ。アメリカへの輸出は18・5％、輸入は11・4％だから台湾、香港を含む中国との貿易はアメリカよりはるかに大きい。

中国との輸出入が途絶えれば、日本の工場は輸出の急減や部品、材料の不足で閉鎖や操業短縮が広がり、商店も商品不足で売り上げは激減することになりそうだ。さらにこれは倒産、失業などの連鎖反応を引き起こすだろう。

また、中国には日本企業約1万社が進出しているから、日本がアメリカに付いて参戦すれば、それらは「敵性資産」として凍結あるいは接収されかねない。

日本には中国人約72万人が住むが、中国との戦争になれば、中国人が迫害を受けないように保護する一方、一部が破壊工作などをしないように監視する必要も生じる。第2

次世界大戦中、アメリカで日本人と日系アメリカ人12万3000人が強制収容所に収監されたが、日本にはそんな余地もなさそうだ。

　また、中国に在留する日本人約10万人が帰国するには旅客機約300便を要するが、その運航に敵国となっている中国の了承を得られるかという難問もある。台湾には在留日本人約2万人がいて、その人たちをどう帰国させるかを論じる人はいるが、米中戦争になれば、台湾だけが戦地になるわけではない。

　日本にとり中国との経済関係の確保は最大の国益であり、台湾人の多数が望んでいない独立を支援する動機もない。日本は、1972年の「日中共同声明」と1978年の「日中平和友好条約」で中華人民共和国が唯一の合法政府であり、台湾は中国の不可分の一部であることを理解し尊重しており、憲法98条で条約の誠実な遵守を定めている。これは中国と国交を結ぶ181か国（アメリカを含む）も共通であって、日本だけが開戦前に「日中平和友好条約」を破棄する突飛な行動に出ることはまず考えられない。

　中国にとっても、アメリカは最大の輸出市場（4528億3200万ドル、17・4%、2020年）で投資、融資先でもあるから経済関係の断絶は致命的打撃となるし、「速やかな統一」を望む台湾人は1・7%にすぎない、などの状況を考えれば、当面中国が武力統一に出る公算は低いだろう。アメリカと日本が台湾大衆の意向を重んじて現状維持を図り、独立を支援しなければ中国も大損害を覚悟であえて武力統一をする必要はなく、「台湾有事」は発生せず、安全保障の目的は果たせるはずだ。

幸い、アメリカのバイデン政権は対中関係の改善を目指す方向に針路を変え、大統領は5月21日「雪解けが近い」と記者会見で述べ、オースティン国防長官は6月3日「台湾海峡で紛争があれば壊滅的だ」と講演。ブリンケン国務長官は、6月19日に習近平国家主席と会談し「バイデン氏はアメリカと中国に両国関係を管理する責任があると考えている。それはアメリカ、中国、そして世界の利益だ」と強調したとアメリカ国務省が公表した。

安全保障と経済の利害得失を考えれば、米中関係の改善がどちらにとっても得策であるのは自明で、日本にとっても喜ばしい。日本は「日中共同声明」「日中平和友好条約」を遵守することを声明さえすれば、関係改善を図る米中両国政府の意向に合致するのだから、楽な外交だろう。

それでもアメリカ軍の中国沿岸での情報活動とそれらに対する中国軍の妨害や台湾への武器輸出、台湾への少数のアメリカ軍人教官などの派遣などの問題が残りそうだ。だが米中関係が大局的に改善され雪が解ければ、それらの問題は残った氷片のようにいずれ解けることも考えられる。

安全保障の要諦(ようてい)はなるべく敵を作らず、戦争を避けることにあることを改めて考え、米中の和解に尽力することが、日本にとり得策と思わざるを得ない。

第5章　「台湾有事」――アメリカはどう動くのか

特別対談　尾形聡彦×田岡俊次

尾形聡彦（おがたとしひこ）
オンラインメディアArc Timesの創業者兼CEO。1969年生まれ。慶應義塾大学卒。1993年に朝日新聞入社。米スタンフォード大客員研究員をへて、2002年から米サンノゼ特派員としてマイクロソフトやアップルなど米IT企業を取材。08年にロンドン特派員、09年から12年までは米ワシントン特派員。朝日新聞時代の署名記事は約2,700本で、経済系の記者として過去最多。2022年６月末に朝日新聞を退社し、同年７月にArc TimesのYouTubeチャンネルをスタートさせた。著書に『乱流のホワイトハウス』（岩波書店）。

アメリカが方向転換する可能性

田岡　今、懸念されている「台湾有事」に関して、危機が迫っているとの報道や分析があります。「台湾有事」が起これば、日本は壊滅的な損害を被ることになりかねませんが、日本ではそのことがあまり語られず、むしろ後押しをするように前のめりの意見や政策が出されており、危機感を感じています。この戦争は、アメリカ、中国、台湾にとっても百害あって一利もない戦争であることは疑いの余地がないと考えていますが、その戦争を避けるために、日本は何をすべきか、歴史的背景や各国の軍事力なども含めて本にまとめようと考えました。

「台湾有事」に関してはアメリカの動向が重要な鍵になると考え、アメリカの事情に詳しい尾形さんにお話を伺いたいと思って本日の対談となりました。本日はよろしくお願いいたします。

ご存じのように日本は1972年9月29日、「日中共同声明」を発して署名し、その

6年後の1978年8月12日に「日中平和友好条約」を締結しました。アメリカは、リチャード・ニクソン大統領が1972年2月に訪中し、毛沢東主席と会談して「米中共同声明（上海コミュニケ）」を発表しました。その中には、アメリカは「中国は一つであり、台湾は中国の一部である」との中国の主張をアメリカが「認識（Acknowledge）」し「異論を唱えない」としています。

尾形 アメリカは、その後正式に米中の国交を回復したカーター政権で、「Acknowledge、認識します」と言っているだけで、「支持します」とは言っていない。

田岡 それでも「一つの中国」と何回も言っています。

尾形 何回も言っていますが、アメリカはあくまでも「認識する」で、日本は「尊重する」と、アメリカよりは踏み込んでいます。

田岡 「異論を唱えない」と言うのとほとんど一緒ですよ。

尾形 アメリカの中では「違う」と言われています。アメリカではカーター政権が曖昧（あいまい）な感じのことを言ったので、1979年に「Taiwan Relations Act（台湾関係法）」、もっと台湾を支援するという法律を議会で通しています。それが今言っている「台湾に防衛を支援できる」ということに繋がっています。私が言いたいのは、アメリカ以上に日本の方がコミットしていて、「リスペクト、尊重する」まで言っているので、より矛盾が大きいということです。だから今の状況でいうと「台湾有事」に関して日本の方がより突っ込んでものを言っているという逆転現象が起こっています。

今年の1月にアメリカで「日米安全保障協議委員会（日米2＋2）」がありましたが、その記者会見を見るとよくわかります。日本の林芳正外務大臣と浜田靖一防衛大臣は「中国はこれまでにない最大の戦略的挑戦だ」（林氏）などと中国をライバル視する姿勢を強調していましたが、会見の後半では、アントニー・ブリンケン国務長官もロイド・オースティン国防長官も非常に慎重で、「（中国との）対話は非常に重要だ」「世界中の国々から、アメリカ、中国、日本の3か国の関係を責任を持ってマネージしてほしいという要望が寄せられている」と言っているわけで、今、日本で「台湾有事」と言っている非常に過熱した議論とアメリカの冷静な人たちの議論は随分違っています。

アメリカが中国に関して非常に問題だと思っているのは、中国とのホットラインが構築できない、特に軍部とのチャンネルの構築が十分にできていないことで、この会見でオースティン国防長官は中国側にそうしたチャンネル構築を呼びかけたほどでした。こうした米中のチャンネルの構築はアメリカでは大きな課題になっており、アメリカが今年の11月にサンフランシスコで開催されるAPEC（Asia Pacific Economic Cooperation アジア太平洋経済協力会議）の時に、習近平主席とジョー・バイデン大統領の首脳会談をしなければいけないと、先日、一種無理やりブリンケン国務長官が訪中したわけです。アメリカは中国との関係構築に一生懸命努めています。

日本の南西諸島防衛に海兵隊がかかわるということで、沖縄県に駐留する海兵連隊の一部を、離島防衛に即応する海兵沿岸連隊（Marine Littoral Regiment MLR）に再編することが日本では大々的に報じられました。海兵沿岸連隊は海兵隊の役割を変えるものでアメリカにとっても重要な政策ですが、この海兵隊の方針変更に対しては、今、アメリカの軍関係者の間で表立って批判が出て、激論になっています。アメリカでつい最近まで海兵隊の幹部クラスだった人が、顔を出して、現在の海兵隊の指導層の決断を批判しているのです。「これは海兵隊のやることではない。なんで島に籠って戦わなくてはいけないんだ」と。

かつて日本と戦争をした時（太平洋戦争）、海兵隊が島で守らなくてはいけない状況に陥って、かなり大損害を出しています。「海兵隊は打撃部隊であって、島のようにどこにいるかがわかっていて守るような部隊ではないから、ばかげている」というものです。今の海兵隊トップは現役からもOBからも批判されています。

今、日本がやっている「島嶼(とうしょ)防衛」とか「台湾有事」という前向きの姿勢に関して、海兵隊のトップが代わると、アメリカ軍が方針を変更する可能性もあると思います。

田岡　アメリカの方針転換で慌てた経験は以前にもあります。アメリカが言っていることをこれだと思ってやっていて、ひっくり返されるということはありました。1971年、ヘンリー・キッシンジャー安全保障問題担当補佐官が訪中、それまでの政策を一転しました。ひたすらアメリカに追随して、ソ連、中国を仮想敵とし、中国の国連加盟を阻止しようと努めていた日本政府は、突然、キッシンジャー氏が中国を訪問、「国交正常化」で合意したから大騒ぎになりました。

ベトナムに派遣されていたアメリカ軍は1968年には53万6000人に達していましたが、国内の反戦デモはますます大規模になり、ニクソン大統領は南ベトナム政府に自分自身を防衛させる「ベトナム化」政策を69年7月に発表。これは事実上アメリカが作った南ベトナム政府を見捨てることを意味し、8月末からアメリカ軍の撤退が始まりました。

アメリカは、支援の兵5万人を派遣していた韓国、7600人を出していたオーストラリア、1万1500人を出したタイなど友好諸国の了解を得ずに自国の兵を真っ先に帰国させ始め、アメリカから遅れてオーストラリア軍は1970年、韓国軍は1971年から撤退を始めることとなりました。アメリカ国内は混乱し、勝利を得る公算は乏しい戦局になったから、軍の撤退はやむを得なかったとしても、アメリカの要請で参戦していた友邦の軍を残して撤退を始めたのは卑怯（ひきょう）の極みで、自己中心主義を示すこととなりました。

今回も同様で、6月にオースティン国防長官がシンガポールで「台湾海峡での衝突は破滅的だ」と演説した。軍のトップの国防長官、陸軍大将が「反戦演説」をしています。

ブリンケン国務長官が中国を訪問した時、王毅外相に「大統領は、中国との関係を良くすることは、1にアメリカのため、2に中国のため、3に世界の利益のためと言われてここに来ました」と言っています。ジャネット・イエレン財務長官、ジョン・ケリー大統領特使、ジェイク・サリバン国家安全保障担当大統領補佐官などアメリカの高官が次々に北京を訪問しています。

尾形　中国は今、経済がおかしくなってきています。土地中心の一種のバブルだったものが今は逆回転していて、相当厳しい状況ではないかと思います。ここ数年、厳しい状況でしたが、ここに至ってさらに厳しくなっているので、習近平体制がどっちに振れるかが問題です。中国は経済に占める不動産関連の割合が4分の1だとされていて、つまり中国経済の25％を占める部分がおかしくなっている。そして、中国国民の75％は自分の資産を不動産関連の投資につぎ込んでいるとされ、国民一人ひとりに対する影響も非常に大きくて、中国自体がかなり不安定になりつつあると思います。

今年の初めに田中均さんと話した時に「中国の経済がさらに悪くなってきた時に、中国がどう動くのかわからないので、それが不確定要素。だから日本はいきり立って対中国とか台湾について軽々に話すべきではない」という趣旨のことをおっしゃっていました。

オースティン国防長官は陸軍大将ですから、彼がいきなり国防長官になることには、かなりの批判もありましたが、国防長官として、記者会見での彼の話を聞いていると、先ほどのシンガポールでもそうですが、かなり慎重です。中国側にチャンネルの構築を呼びかけています。

田岡 オースティン大将と中国の李尚福国防相との会談を望んだが、李氏を制裁対象にしていたから会談はできませんでした。アメリカが李国防相の制裁を解除しないと会えないと中国が言ったのは当たり前でしょう。

尾形 日本で伝わってくるアメリカの話とか、「台湾有事」の話は、アメリカの国内報道やアメリカの政権の人たちが言っていることとずれていると思います。

田岡 これは危ないと思う。今年の『防衛白書』には「特に、トランプ政権以降、米中両国において相互に牽制(けんせい)する動きがより表面化してきたが、バイデン政権においても両国の戦略的競争が不可逆的な動きとなっていることに関心が集まっている」と書かれていますが、そう言って防衛予算を増したいという希望でしょう。実際は、そうではなくて、特に5月以降、関係改善を模索する動きが出ています。

おかしいのはロシアのウクライナ侵攻に関して、『防衛白書』に「国際の平和及び安全維持に主要な責任を負うこととされている国際連合安全保障理事会（国連安保理）常任理事国であるロシアが国際法や国際秩序と相容れない軍事行動を公然と行い、罪のない人命を奪うとともに、核兵器による威嚇ともとれる言動を繰り返すという事態は、前代未聞と言えるものである」と書かれていることです。ここに「前代未聞」とありますが、アメリカもベトナム戦争、イラク戦争、コソボ爆撃などで国連憲章を無視して虚偽情報を元に戦争をしかけています。朝鮮戦争、ベトナム戦争中のアメリカでは核使用が論じられていました。アメリカは核の先制使用も公言している。だから、「前代未聞」とあるのは「アメリカは悪を為さず」という観念が浸透しているのではないかと思います。ソ連も東欧の衛星国での反ソ連暴動などの制圧に何度も出兵してきました。

アメリカの期待以上に忖度する日本

尾形　私もホワイトハウスで取材をしてきましたが、最近の岸田政権の動きを見ていると、日本はアメリカが期待している以上に忖度していろいろとやっているし、ちょっと言われたことを全部真に受けてその通りやっている感じがして、非常に危険だと思います。

田岡 そう。1つは、湾岸戦争の時に日本が自衛隊を派遣しなかったから「アメリカに叱られた」ことがトラウマになっていて、イラク戦争の時には小泉純一郎首相がほかの国より前に手を挙げて「やります」と言った。「何か言われたら困る」と考えたのだと思います。

しかし、湾岸戦争の当時はジャパンバッシングが激しく、アメリカではソ連崩壊後、次に脅威となるのは日本だと言っていた時期。「自衛隊を出さなかったから怒られた」と外務省は言うが、「あの時出さなくて良かった」と考えています。もし自衛隊を派遣していれば「日本の軍国主義復活。中東まで延びてきた」と言われたかもしれない。

尾形 アメリカに叱られるとか、褒められることを気にし過ぎなんです。アメリカは堅固な組織ではありますが、やっている人たちは人間なので、きちんと対話し、日本の現状や今後に向けた戦略的な方針について、きちんと話をすれば「なるほど」と納得してくれる部分も多いと思います。そもそも、アメリカにはいろいろな情報が集まりすぎていて、全体が見えていないことも多い。日本はアメリカとのチャンネルをきちんと作っているか、特にアメリカの民主党政権との関係をきちんと作っているのか、非常に疑問です。

外務省は共和党政権が好きです。それは民主党のビル・クリントン大統領が1998年に訪中した際に日本に立ち寄らなかった「ジャパンパッシング」のショックが結構尾を引いているようです。そんなナイーブな理由を背景に、共和党政権の方がいいというイメージが、外務省や永田町に色濃く残っている。私がホワイトハウスで取材していた際にも、民主党政権と日本のパイプは弱いと感じていました。オバマ政権の時は、当時の安倍晋三首相とオバマ氏の折り合いが良くなかった、ということもありましたが。安倍首相はドナルド・トランプ大統領とはウマが合って共和党政権とは仲良くしていましたが、今は民主党政権です。

自民党の中には、アメリカに睨(にら)まれると総理が短命に終わるという認識があり、アメリカに気に入られた方がいいという思いがあります。それが小泉政権以降、如実になってきました。基盤が弱い総理だとそうなります。安倍首相はもともとは基盤が弱かったのですが、その後、基盤が強くなったにもかかわらず、アメリカへの追従度合いが強くなってきて、アメリカが求めている以上に言うことを聞くというような状況になってしまっていました。

小渕政権くらいまでは、そうは言ってもある程度距離を取って、「憲法がある」というのを楯にしながらアメリカの要求をかわしていたところがあったと思うのですが、それがどんどんなくなって、日本がアメリカに自分からしがみつく日米関係になっていると思います。

田岡　防衛省の反中国に関しては、アメリカに対して忖度をしているだけではなく、それより前からあったと思います。アメリカは、オバマ政権まではそれほど中国と対立していませんでした。

尾形　オバマ政権には習近平政権をナイーブに信じすぎたという後悔がありました。バイデン氏はその時副大統領でした。2011年8月、バイデン副大統領が訪中して、当時の習近平副主席と会談をしました。ホワイトハウスから同行した数人の記者のうち、外国人は私だけで、二人の会談を間近で取材しました。その時、バイデン氏は6日間中国に滞在し、5回にわたって意見交換をしています。合計十数時間にのぼる異例の会談でした。習近平氏もアメリカとのチャンネルが欲しかったようです。習近平氏は「アメリカが自分にとっての最大のリスク」と考え、バイデン氏を頼りに、そのアメリカが自分にとってマネージできる相手なのかを値踏みしていたところがあります。それに対して、バイデン氏の習近平氏に対する印象は「なかなかタフで手ごわい政治家」というものので、結構好印象でした。

バイデン氏と習近平氏にはある程度の信頼関係があって、その二人の会談とまるっきり同じことをアメリカに場所を変えてやったのが、主席就任後の習近平氏とバラク・オバマ大統領との2013年6月のカリフォルニア州での会談でした。当時のオバマ政権からすると、習近平主席とは話ができるし、通じるとナイーブに信じ込んだところがありましたが、最後に南沙諸島の島の領有権の問題で、中国に裏切られたという思いがあったと思います。

オバマ政権のホワイトハウスのNSC（United States National Security Council　ア

メリカ国家安全保障会議）の人たち複数の米政権高官への取材で感じたのは、中国を信じすぎ、結果的に裏切られたことへの忸怩たる思いです。それは副大統領であったバイデン氏にも引き継がれています。信頼関係はある。一方で裏切られたという思いもある。その両方の中で、バイデン大統領は中国関係に取り組んでいます。トランプ大統領の時は口で批判したり、関税をかけたりしていましたが、アメリカの議会の支持もあって、トランプ政権がやっていた対中強硬政策は、全体的には引き継がれていると思いますし、バイデン大統領も口ではいろいろ言っています。でも、最後のところでどうかと言うと、先ほど田岡さんがおっしゃっていたように、中国と本当に戦争になったら困るということは彼らは痛いほどよくわかっています。戦争に関してあらゆるシミュレーションをしている。そういう意味で、ホワイトハウスは現実主義です。バイデン政権は、中国と近い要素もあるし、対中強硬でないと世論が納得しないということもある。そしてアメリカ議会は与野党ともに中国には厳しい姿勢で一致しています。同時に、軍事的に有事にはきちんと即応しなければいけないという意識も強い。そのいろいろな要素が複合的に動いているのですが、日本ではその理解が全くありません。

日本と中国の偶発的紛争の可能性

田岡　ホワイトハウスのエリートたちはわかっていて中国との対決に慎重だというのはそうでしょうが、それで安心できないのは、アメリカ国民が反中国だということです。世論調査では中国を否定的にとらえる意見が80％以上あります。バイデン大統領は中国とうまくやった方がいいと思っているが、世論に引っ張られて、来年になると「弱腰」と言われる怖さに、また、トランプ氏と同じようなことを言い出すかもしれません。

尾形　来年は大統領選挙の年ですから確実にそうなると思います。既に共和党の中で、誰がバイデン氏のチャレンジャーになるかを決めるプライマリー（予備選挙）が始まっていますが、実態的にはトランプ氏独走です。対中で厳しいことを言わないとだめだということになりますから、バイデン大統領も選挙集会に行くと厳しいことを言っています。レトリックがどんどん激しくなってきます。

「台湾有事」に関しては、田岡さんがおっしゃっているように、そもそも有事なんか起こさないのが最良の戦略です。特にアメリカ国家安全保障会議の人たち、政権に近い人たちと話していると、日本と中国が偶発的な紛争になってアメリカが引きずり込まれることを、彼らは一番恐れています。

田岡　日本と逆。日本ではアメリカに従って中国と戦うことを考えています。

尾形　でも今は、「台湾有事」に日本がどんどん突っ込んで行って「やりますよ、やりますよ」と言っている非常に変な状態になっています。

田岡　中国を仮想敵国としたのは、ずいぶん以前からあった話。ソ連が崩壊して、北海道の陸上自衛隊をどうするかということが問題になった時です。

尾形　陸上自衛隊が想定していたのは、ソ連が北海道に攻めてきてそれを守るということ。

田岡　その脅威がなくなり、困って南西諸島に中国が攻めてくるというフィクションを作った。海上自衛隊は最初笑って見ていたが、「南西諸島防衛」と言えば予算が取れると知り、海上自衛隊も艦船を買ってもらえるということで、皆で南西諸島、南西諸島と言いだした。アメリカが「中国の脅威」を言い出すよりもっと前の話です。

尾形　今のロシアの状況を考えると、以前に言っていた北海道のリスクが再び出てきているいると思うんです。

田岡　私はないと思います。ロシアの東部軍管区の兵力は8万人。陸上自衛隊の2分の1で、面積は日本の18・5倍もあります。しかも、兵力はだいぶウクライナ正面に行っているので、すっからかん。

尾形　だから今すぐではないのですが、リスクという意味では、南西諸島防衛で中国が仮想敵国でとやっていますが、ロシアに対する警戒も必要だと思います。

田岡　とてもとても。ロシアはさらに小さくなって、モスクワ大公国に戻りかねない。

尾形　そういうことですか。ウクライナ戦争が終わればロシアは途上国のようになっていくと言われていますよね。

田岡　ロシアがウクライナに勝っても負けても、その後、ウクライナの国境地帯の警備は続けざるを得ない。上陸用艦艇は太平洋艦隊に中型、小型9隻。とても日本に攻め込む力はないでしょう。

尾形　それで多方面の展開ができないということですか。

田岡　ロシアに力がなくなった時、ポルトガル領だったマカオのように、中国がロシアとの交渉で沿海州を取り返すかもしれない。そうなると新潟の対岸のウラジオストクが中国海軍の港になり、日本にとっては嬉しくないことになります。

尾形　そういうことも含めて、日本の中で考えている人がいるかですよね。いない感じですね。

田岡　コロナ禍などにより、中国に住んでいる日本人は17万人から10万人に減少しましたが、戦争になった時にそれらの人々をどうやって帰国させるかを考えておかなければいけない。反対に日本にいる中国人は70万人。第2次世界大戦中にアメリカにいた日系人は約12万人。彼らは収容所に入れられましたが、日本には70万人もの中国人を置く場所はありません。

尾形　ウィリアム・J・ペリー元国防長官は、私がスタンフォード大学に行っていた時に授業を受けましたし、その後、1回インタビューをしたことがありますが、1994年北朝鮮との危機が高まった時「クリントン大統領に軍隊をどう動かすか、どういう補給にするかといった400の戦略オプションを上げて、判断を委ねていた。北朝鮮と戦争になるリスクは皆さんが思っているよりずっと高かった」という話をしていました。勉強になったのは、軍事は全部ロジスティクスの複雑な集合体だということ。みんなが思っているような戦闘機を投入し、トマホークを打ち込んで、ドカンとやって、ということではなく、もっと緻密なものだということです。

田岡　緻密ではないことも含めて、いろいろなことを考えておく必要があります。

尾形　太平洋戦争もエネルギー自給ができなくなって、食糧自給ができなくなって、それが最大のネックとなって、負けるわけですよね。

田岡　アメリカが日本への石油輸出を止めたことが日米戦争の原因でも敗因でもありました。

日本が全部やれ

尾形　ごく最近は保守派の人たちが継戦能力とか言っていますが、継戦能力と言うのであれば、最大の自衛はエネルギー自給をできるようにすることだし、日本にとっては一番防衛にもなります。また、食糧自給はどうするのか。こういう視点がまるっきり欠けていて、机上の空論甚だしい感じがします。

田岡　台湾を取られたら日本の石油が止まると言われていますが、そんなことはありません。インドネシアのロンボク海峡を回れば、片道4～5日余計にかかるくらいで日本に運べます。1隻で30万t、3億リットルを船員二十数人で運べるので、海運は驚くほど安い。原油1リットル当たり1円程度の上乗せで済むから、国の存亡をかけるような問題ではありません。それよりも日本の港にミサイルを撃ち込まれると、タンカーや他の商船が入港できなくなり、経済への打撃が大きい。

尾形　懸念するのは、今、アメリカの極東軍の人たちの間で「Free and Open Indo-Pacific（自由で開かれたインド太平洋）」という言葉が合言葉のようになっていることです。インド太平洋というのは安倍晋三元首相が考えたことだと言われていますが、「いいね」となってそれが採用されたと聞いています。アメリカ軍が前のめりになっているのも確か。アメリカ国内ではそれに対して批判もありますが、今の海洋のルート、南シナ海と海洋の自由航行作戦などと繋がっていて、それを守るために我々は戦うんだみたいな空気が現場では出てきています。

田岡さんがおっしゃるように、実態からすると迂回すればいいだけで、港にミサイルを撃ち込まれる状況になったら、まあどこへでも撃ち込めるわけですが、今の中国と日本が全面戦争になった時に何が起こるかという想像力に欠けています。敵基地攻撃能力とか先制攻撃能力とか言いますが、中国はGDPで日本の3倍もの経済になっていて、軍事費も約4・7倍あり、継戦能力では比べものにならない。日本と歴史的にいろいろなことがあって、日本を攻撃していいとなった時にどうなるか、という想像力があまりにも欠けているのではないか。

田岡　そう。日本は長い間戦争をしてこなかったので、戦争のことについてわからなくなっている。第2次大戦の時日本人は320万人亡くなっています。アメリカがイラクを攻めた時には12万人、ベトナム戦争では100万人が亡くなりました。とんでもない数です。

尾形　日本の中国出兵と太平洋戦争で中国では1000万～2000万人くらい亡くなっています。中国は戦争で日本にそれだけ殺されているという歴史があります。日本も

320万人、当時の約7200万人の人口で大変な数の犠牲者が出ていますが、それに対して中国では1000万~2000万人。中国人にしてみれば、日本が一方的に攻めてきたわけです。その思いが残っている中で、もう1回戦争をして日本を攻撃してもいいとなった時にどうなるのか。そこの視点が欠けていると思うのです。

アメリカはこの地域が戦争になったら、アメリカ本土に損害が及ばないように戦場をコンテイン(封じ込め)しようとするはずです。そうなった時に、日本は非常に大きいダメージを受けます。

田岡 アフガン戦争、イラク戦争を見ていると比較的にアメリカ軍の死者は少ない。金を出して地元民を集めて前線で戦わせる。アメリカは財政がひっ迫しているが、日本が参戦すれば自衛隊を楯にしてアメリカ軍の損害を減らすということが、ただでできます。

尾形 そうですよね。だからそれに相俟(あいま)って海兵隊がやると言っているが、引く可能性が結構あって、そうすると日本がまさにプライマリー(primary)に戦争をやらされる可能性があるんですよね。

田岡 そうそう。

尾形　英語でいうプライマリーはほとんど「お前ら全部やれ」っていうことですからね。

田岡　「日米防衛協力のための指針(The Guidelines for Japan-U.S. Defense Cooperation)」には、「primary responsibility（日本がプライマリーに責任を負う）」と書いてあります。防空、地上の戦の撃退、海路の防衛など「プライマリー・リスポンシビリティー」という言葉がいくつも書いてあって「アメリカは何をするの」ということになってしまいます。日本語では単に「主体的に」と訳されています。

尾形　本来の意味が日本では伝わってないですからね。

田岡　そうそう。外務省がごまかしている。日本は毎年2110億円の在日米軍経費を出しているが、アメリカは何も責任を負わない。

尾形　英語の語感は「お前がやれ」ということですよね。

田岡　「情報くらいは渡しましょうか」的な。

尾形　もし「台湾有事」のようなことが起こったとしたら、最初アメリカは参戦すると思うのですが、アジア太平洋地域でアメリカの若者がたくさん死ぬようなことがあると、アメリカの世論がコロッと逆転する可能性が高いと思います。

田岡 ベトナムの時、アメリカ国民の支持は本格的参戦後4～5年はもったが、その後、反戦になった。当初は「共産主義が怖い」という感情があったから。

尾形 そうですね。でも結局「反戦運動」が起こりました。

田岡 後半の4年くらい。それまではアメリカのメディアは好戦的で「やっつけろ」だった。

戦争が始まると自分の国が勝ってほしいと思うから、初期には当然そうなります。

尾形 今後、仮に中国と交戦状態になった時に、アメリカ軍が交戦すれば被害が甚大になると思います。今までは第三国に行って、制海権と制空権において軍事的に圧倒的な力を持って戦ってきました。しかし、地上戦の側面が増えてくるとなかなか厳しいものがあります。アメリカで理解されると思って戦争を始めたとしても、どこまで続けるのか。

田岡 アメリカが最終的に勝とうとすれば、北京とか上海とか広州とか、数か所は占領する必要があるでしょう。しかし、北京を取るだけでも難しいと思います。

尾形 それこそ、かつて日本が中国に出兵した時に、その問題に直面したわけですよね。

田岡 北京は黄海奥の天津から150㎞くらいありますからね。ノルマンディーに上陸してパリに行ったのと同じくらい。中国陸軍の近代化もかなり進んでいるし、ロジスティクスの問題など、北京を制圧するだけでも大変です。だからアメリカは中国を征服できません。

尾形 こうして考えてくると、戦争は極力回避すべきことは明らかですが、今メディアが煽（あお）っている状況をどう見ていますか。

田岡 軍事のことを何もわかっていないからね。日本のメディアは反撃するとうまくいくと思い込んでいる。例えば、敵の司令部が地下にある場合、地下に突き抜ける爆弾がアメリカにはあるので、それを使ったらいいと言っている人がいる。しかし、入り口がわかったとしても、トンネルをどっち向きに掘ってあるかわからないから、上から爆弾を落とすとしてもどこに落としたらいいかわからない。

脆弱な日本のインテリジェンス

尾形 8月7日付の『ワシントンポスト』で、3年前、自衛隊のネットワークが中国にハックされていて、まだ問題の解消がされていないと報じられました。

田岡　以前から、アメリカはエシュロン（Echelon）で世界的に無線傍受をしていて、日本も日常的に情報を取られています。昨年改訂された「安保3文書」には「サイバー安全保障分野での対応能力の向上」がうたわれて、具体的には「2027年度を目途にサイバー関連部隊要員と合わせて防衛省・自衛隊のサイバー要員を約2万人体制とし、将来的には、さらなる拡充を目指す」と目標が示されています。

尾形　そんなことが書いてあるんですか。ホワイトハウスの場合、本当の取材は電話もメールもダメです。理由は語られませんが、私は基本的に盗聴もされているものと考えて取材していましたし、メールは記録が残りアメリカでは情報公開請求の対象にもなります。ホワイトハウスでの取材は、最後は高官の部屋に行って、メモも録音もダメだから、会話を必死に暗記する、というものでした。原始的な世界ですが、そこからしても、日本の情報漏洩（ろうえい）に対する意識はものすごく低いと思います。

日本の場合は、政府の高官の携帯電話も一般の店で買います。アメリカの場合はホワイトハウスの人たちはみんな特殊な携帯を持っている。ホワイトハウスには記者会見や存在が明かされているバックグラウンドのブリーフィングのほかに、隠れた「裏ブリーフ」というのがいくつもありました。僕は外国人でも唯一そちらに入れてもらっていましたが、裏ブリーフの方に入っていくと携帯は預けなくてはいけません。その場には閣僚とかが出てきて取材していましたが、つまり携帯は盗聴器になりうるのだな、と僕は理解していました。日本は、「台湾有事」と言って緊張感が高まっているというものの、足元のセキュリティーは、だだ漏れ状態です。

田岡　まったくです。第2次世界大戦中にアメリカ軍は開戦から半年、ミッドウェイ海戦前に日本の暗号を解読していたから、まったく勝負にならなかった。

尾形　だからアメリカが懸念しているのです。アメリカだって中国にハッキングされて、F35の情報が盗られて、それが中国の第5世代の戦闘機になっていると言われていますが、現実は情報を取ったり取られたりという世界なわけです。その時に狙われるのは、「ウィークストリンク（weakest link）」、つまりネットワークの中で一番弱いところです。日本はまさにウィークストリンクなんです。

インテリジェンス（intelligence）とかスパイ合戦とかが盛んに行われているので、日本では政治家や政府高官が普通の携帯を使っているというのは、情報がだだ漏れしていると考えなければいけません。アメリカの高官やインテリジェンスの人たちに聞くと、盗聴自体はどうも簡単みたいです。それを実際にやるかどうかは主権侵害の問題とのせめぎ合いみたいですが。アメリカでも他国が入ってきて盗聴をするわけですから、彼らからするとお互いにやりあっているんだという感じのようです。

田岡　日本がインテリジェンスに疎いのは、今に始まったことではありません。第2次大戦の時にも日本の暗号はすべて解読されていたにもかかわらず、それに気づくことなく、アメリカ軍に傍受されていました。

「第2次大戦中、アメリカ軍への最大の情報提供者は日本の駐独大使・大島浩陸軍中将だった」とアメリカ陸軍参謀総長が戦後言った。大島大使は完璧なドイツ語を話すナチ党親派で、アドルフ・ヒトラー総統の信任があつく、しばしば談話室に出入りして、ドイツ軍の作戦計画、戦況などを詳しく知り、それを約1475通の外交暗号で東京に送っていました。それらはすべて解読されたから、知らぬ間に「最大のスパイ」になっていました。

尾形　トランプ政権の時に、日本にもインテリジェンスを強めるべきだという動きがアメリカの中であり、日本の中でも検討されたようです。日本にもＣＩＡのような組織を作らなければいけないと考えている人たちがいます。ただ、アメリカと日本の大きな違いは、アメリカではインテリジェンスが大事なので、ハーバードを出ているようなエリートが誇りをもってやっているが、日本のインテリジェンスって国民を監視するような、憲兵隊的な暗い印象があることです。日本の場合は、内調（内閣情報調査室）も含めて、インテリジェンスの使い方が暗いし、人を取り締まることばかりで、アメリカにおける定義と全然違います。

田岡　その通り。情報を取るのではなく、漏れることはないかと国民を監視するから間の抜けたことになってしまいます。

尾形　副大統領時代のバイデン氏を間近で取材していましたが、彼は非常に率直な人です。プライベートな物言いが面白く、政治家らしい政治家です。そういう意味でも習近平主席と通ずるものがあったようです。今も両者には一定の信頼関係があると思います。

日本の防衛費倍増については岸田文雄首相が決めたことになっていますが、アメリカから求められ、それを必要以上に忖度した結果だと感じます。バイデン大統領が岸田首相を説得したというより、ラーム・エマニュエル駐日大使の影響が強いと聞いています。エマニュエル大使は非常に剛腕の人で、毎週、木原誠二内閣官房副長官と会っていて、エマニュエル大使が何を言ったかのメモが官邸と外務省に回っていると言われています。そんな外交ルートあり得ないわけですよ。エマニュエル大使が岸田首相に指示している形になっているわけです。それは国家として異常だと思います。

田岡　そうだよ。アメリカとしては日本の軍事力とか防衛というより、戦闘機など、ものを売って金になるという理由もあるのでは。アメリカは武器と食糧以外に日本に売れるものがあんまりないからじゃない。

尾形　この数年、DX（Digital Transformation）ばやりですが、その実態は日本のITサービス事業の大きな経済的敗戦です。今のクラウド・コンピューティングの時代において情報ITサービスで世界の覇者はアメリカやインドである一方、敗者の1位は日本です。日本はいま、情報・ITサービスで海外への出超（支払い超過）が年間150億ドル、つまり2兆円規模に達しています。1年間に2兆円ですよ。日本は海外に払っていますから。ＤＸの実態はやればやるほどＧＡＦＡといったアメリカの主要ＩＴ企業に、クラウド・コンピューティングやサーバー代などのお金を払っている状況なのです。香田洋二自衛艦隊司令官が「トマホークはそんなに速いミサイルではないが、でも、それを動かす頭脳、誘導システムがあるからこそ、有効であり効果を生んでいる。ところが、その誘導システムは、アメリカは、最も緊密な同盟5か国にしか売らないと言っており、日本が購入できる見通しはない」と話していました。アメリカはFive Eyes（アメリカ、イギリス、カナダ、オーストラリア、ニュージーランドの5か国）としか共有しないと言っています。日本は２００発買うと言っていますが、アメリカはそれを動かす誘導システムは売らないと言っているわけで、それでは巨費を投じてトマホークを購入しても、飛ばせない、という馬鹿げた状態になっているのです。

田岡　あれは１９７０年代にアメリカ海軍が採用した旧式だよ。

尾形　だけどその誘導システムは洗練されてきている。頭脳の部分が一番大事なのにそれを売ってくれるとアメリカは言ってくれなくて、トマホークはあるがそれを生かすための誘導システムはどうするのということです。周りの運用も大事ですが、そこもできていないし、買い方もめちゃくちゃなわけですよね。

そもそもバイデン氏は岸田さんの名前を憶えていないですからね。広島では、プライムミニスター岸田と言った後にプレジデント岸田と言い間違えたものの、「岸田」と呼んではいました。7月に日本の防衛費倍増に関して、バイデン氏が「あれは俺が説得したんだ」と一旦明言したあと、数日後にバイデン氏がわざとらしく「あれは日本が自分で決めたんだ」と言い方を訂正した顚末がありましたよね。あのとき、日本のメディアは、バイデン大統領が「岸田首相を説得して、防衛費を倍増させた」と書いていますが、実際は、バイデン氏は「Prime minister of Japan（日本の首相）」といった言い方をしているだけで、Kishidaとは言っていなかったんです。バイデン氏はゼレンスキー氏や習近平氏らについてはいつも「習国家主席」などと固有名詞を使いますが、日本については、菅義偉元首相も、岸田現首相も、ほとんど「日本の首相」としか呼びません。そんな程度の関係なのに、岸田氏も菅氏も、アメリカが求めている以上のことをやっているという危うさがあると思っています。ただ、私はアメリカとの関係は非常に重要だとは思っています。

ものが言える日本に

田岡　ぼくはアメリカに追随して中国と戦争をするのは百害あって一利なしと思っています。だが、アメリカは中国をどうする気だろう。それで決まるわけですよ。戦争するかどうか。「台湾有事」と言いますが、これはアメリカの問題だと思っています。アメリカが中国に対してどっちを向くか。日本の存亡を分けるような問題ですが、日本はずるずると泥沼に入ることになりかねない。

尾形　そこに日本の視点がないですよね。自分たちが、アメリカでも、中国でもなく、独立した国家という意識があまりにも乏しい。日本で、安倍政権時代に対米関係で政権にもアドバイスしているような有名な学者たちと話したとき、私が「日本としての独自の戦略的な考えはないのか」と聞いたところ、彼らが「対米関係については、日本は『戦略的に思考停止』しているんだ」と答えたことがあり、唖然(あぜん)としました。アメリカは独自の考えで戦略的に動いているし、方向も結構変わったりするので、日本も独自の考えを持たなければいけません。

田岡 うまく行くならついて行ってもいいが、アメリカは近年失敗ばっかりしている。

尾形 対米関係ではアメリカに対してきちんとものが言えることが大事で、アメリカが間違ったときに助言できないといけないということです。

田岡 「台湾有事」に関して戦争を回避するのは簡単。アメリカが、中国と戦争するので日本の基地を使わせてくれと言ったときに拒否をすればいい。日本には「中華人民共和国政府を中国の唯一の合法政府であるとした条約があります。おたくもそう言っておられますな」と言って、基地を使わせなければ、アメリカは戦争ができない。その方がアメリカのためにもなる。

尾形 日本は、もともとは中国とつき合ってきた歴史とパイプがあったし、そのパイプを育てながら、アメリカに対して「ここはこうですよ」と言えないと、だめだと思います。米中国交正常化の時の懐刀だった学者マイケル・オクセンバーグ（Michel Oksenberg）氏が亡くなる前に「アメリカの政権の弱さは大統領の任期が最大2期8年しかないこと。最初の年は入ってきたばかりで、すぐ再選に目が行くようになるので最初の4年は何もできない。再選されたばかりの2年間くらいが一番外交ができ、その後はレームダックになっていく」と言っていました。対中関係で言うと、前の政権が全部書類を持っていってしまうので、前に何が行われたのかの詳細がわからず、中国側にその弱みを利用され、毎回攪乱(かくらん)されるとも言っていました。

田岡　前の政権と同じことをやってはまずいので、無理やりにでも変わったことをやったりもしますよね。

尾形　アメリカは対中国に関して同じような過ちを繰り返すので、日本が「中国はこうですよ」と言える余地はあると思います。しかし、日本こそが一種のブレーキ役にならなければいけないのに、アメリカより前に日本が出て行ってけしかけているような形になっています。

田岡　それなんだ。戦争をしないことがアメリカにとっても中国にとっても、日本にとっても一番得なこと。日本はブレーキ役にならなければいけない。

尾形　「台湾有事」が起こったら、それこそ日本の存亡の危機になるっていうことは、わかってないと思うんです。火を見るより明らかというのはこのことです。

田岡　自衛隊も死者が随分出るから、今でも定員を埋めるのが難しいのに、ますます人が集まらなくなる。

尾形　充足率で7割。

田岡　法律を変えて海外に出られるようにしてから、入隊希望者が減っています。

尾形　足りなくなったら、徴兵みたいな話になりますか。

田岡　そうですね、あとは徴兵しかありません。しかし、国を守るためなら徴兵制ができると思いますが、アメリカに言われた通りに海外に出ていくために徴兵というのは通らないと思う。

尾形　「台湾有事」に関して、日本ではアメリカで議論されているロジスティクスといった綿密な戦略がないし、日本に対してどういう意味を持つかという考察もありません。

田岡　中国との戦争は、1つは法律的にできません。2番目は経済的に大打撃となる。3番目は台湾人の大多数は独立を望んでいません。この3つを考えたら、アメリカの後についてやるのはあほらしいことがわかると思いますが。

尾形　そもそも、アメリカが中国に言っているのは、単純化すると「現状を変更しようとするな」ということだけです。

田岡　それだったら独立を煽ることもない。そう言いながら、ホワイトハウスと違い、議会では過激な議論もされていますが、戦争を起こしてアメリカに何の利益もありません。

尾形　日本の中で、もう少し冷静に議論をしなければいけない。

田岡　そう言うと親中派と言われやせんかと心配して声を上げない人もいますが、これは日本の根本的国益にかかわることです。

尾形　それこそ日本の存亡の問題。それをリベラルな新聞も含めて言わないことを不思議に思います。

田岡　戦前の支那事変のころの日本がそうだったのか、このまま戦争に突入するようなことにならなければいいと危惧しています。アメリカの動きについても、日本では十分な報道がされていないように思いますが、本日はその動きや背景についてお話いただき大いに意を深くしました。ありがとうございました。

対談日　2023年8月9日

あとがき

80歳の坂を越えると俄(にわ)かに人名、地名など固有名詞が出なくなった。定期的に出ているインターネット番組で話したり、月刊誌で書いている際、事案の内容は詳しく知っているのに、何十回もとなえてきた人の名が思い出せず、録画の場合はその部分をカットしてもらい、原稿を書いている場合にはアイパッドで調べるという無様で厄介なことが何度も起きた。

「もう引き時だな」と思ったが、最後の仕事が残っていた。日本がずるずると中国との戦争に向かい、安全保障上も経済的にも破滅的な損害を被る公算が大であるのを知りつつ座視するのは、軍事評論を60年近く職務としてきた者として無責任だ、と考え、残る微力を尽くし、もし米中戦争が起きた際に日本が参戦することの大義の有無、今日の米中対立に似た第1次世界大戦の教訓、中国対米日の戦力比、日本が被る人的、経済的損害などをふつつかながら考えてみた。

これらは多様な要素の複合であるため理論の前後が整然とせず、記述が重複した個所も随所にあって練達の編集者である二神典子氏に一方ならぬご苦労をおかけした。

執筆中の5月、バイデン政権は中国との関係改善に舵を切り、オースティン国防長官、ブリンケン国務長官は中国との衝突を避ける意思を表明した。7月18日には100歳のヘンリー・キッシンジャー元アメリカ国務長官が北京に登場、李尚福国防相と会談、19日に中国外交トップである王毅政治局員と会談、20日には習近平国家主席と会談した。

キッシンジャー氏は1971年秘密裏に訪中、翌72年のリチャード・ニクソン大統領の訪中と米中国交正常化への道筋を開いた立役者で、彼の情勢判断と外交手腕は今日もアメリカで高く評価されている。王毅外相との会談でキッシンジャー氏は「米中の安定した関係を維持することは世界の平和、安全、人類の幸福にかかわる」と述べ、「どんなに困難があっても双方は対等に接し、接触を保つべきで、相手を孤立させたり、切り捨てようとすることは認められない」と強調した。

これに対し王毅氏は「中国を包囲し封じ込めようとするのは不可能だ。アメリカが台湾海峡の安定を望むなら台湾独立に明確、公然に反対すべきだ」と応じた、と報じられる。習近平氏は夕食会を開いて「中国人は古き友人を忘れない。中米協力は正しい選択だった」と語り米中関係改善の意思を示した。超高齢のキッシンジャー氏があえて北京に向かったのは、何としても戦争を避けさせたい一念によるものだろう。外交の大御所まで現れては対中強硬派のアメリカの政治家も若干たじろぐかと思われる。

すでにバイデン政権の国防長官オースティン大将がシンガポールで戦争反対演説をし、続いて国務長官のブリンケン氏、財務長官のイエレン氏、ケリー大統領特使（気候変動問題相当）が訪中して、関係改善を語り、今後もアメリカの閣僚等の訪中が続く様子で、バイデン大統領も11月ごろの首脳会談を希望していると伝えられる。

だがアメリカ議会のタカ派はバイデン政権の「弱腰」を非難し、中国との接近を妨害しようとしてきた。最近その手掛かりの一つは2月に発見された「中国のスパイ気球」問題だったが、アメリカ国防省は6月29日突如「中国の気球は情報収集をしていなかった」と発表した。「スパイ気球問題」は空騒ぎだったことを5か月も後に発表したのはタカ派の鼻先をくじくためだろう。国防省は、気球を撃墜、回収してすぐに情報収集用ではないことがわかったはずだが、自分たちが当初騒いだ手前、そのことを隠していたようだ。恥をしのんでそれを発表したのは、大統領や国防長官らが中国との関係改善を目指すのをなじるタカ派のハシゴをはずす結果となった。

だがアメリカ大衆の反中意識は、「スパイ気球問題」やトランプ前大統領が新型コロナウイルスを「チャイナウイルス」と呼んで反中感情を煽ったためだけではない。かつての「日本叩き」と同様、中国の経済力がアメリカをしのぎつつあることに対する焦り、嫉妬がある限り、2024年の大統領選挙を前に国会議員などが超党派で「弱腰」とバイデン政権を攻撃、アメリカをまたも泥沼の戦争に追い込みかねない。それはアメリカ人、中国人、台湾住民、日本人などにとり、まさに壊滅的な災厄になるだろう。日本としては今日のバイデン政権の戦争回避政策のために尽力するのが最良の策と考える。もし愚生の最後の著が国を思う方々のご参考にいささかでもなれば、もって瞑すべしと思い、キッシンジャー氏のご健勝を祈るばかりだ。

田岡俊次

巻末資料

日本国憲法　抜粋（3・20ページ）

〔憲法の最高性と条約及び国際法規の遵守〕

第九十八条

2　日本国が締結した条約及び確立された国際法規は、これを誠実に遵守することを必要とする。

日中共同声明　抜粋（3・14ページ）

1972年9月29日　北京

2　日本国政府は、中華人民共和国政府が中国の唯一の合法政府であることを承認する。

3　中華人民共和国政府は、台湾が中華人民共和国の領土の不可分の一部であることを重ねて表明する。日本国政府は、この中華人民共和国政府の立場を十分理解し、尊重し、ポツダム宣言第八項に基づく立場を堅持する。

日中平和友好条約（日本国と中華人民共和国との間の平和友好条約）**抜粋**（3・15ページ）

1978年8月12日

日本国及び中華人民共和国は、1972年9月29日に北京で日本国政府及び中華人民共和国政府が共同声明を発出して以来、両国政府及び両国民の間の友好関係が新しい基礎の上に大きな発展を遂げていることを満足の意をもつて回顧し、前記の共同声明が両国間の平和友好関係の基礎となるものであること及び前記の共同声明に示された諸原則が厳格に遵守されるべきことを確認し、（後略）

上海コミュニケ　抜粋（17ページ）

Joint Communique Between the People's Republic of China and the United States

1972年2月28日

米国側は次のように表明した。米国は、台湾海峡の両側のすべての中国人が、中国はただ一つであり、台湾は中国の一部分であると主張していることを認識している。米国政府は、この立場に異論を唱えない。米国政府は、中国人自らによる台湾問題の平和的解決についての米国政府の関心を再確認する。かかる展望を念頭におき、米国政府は、台湾から全ての米国軍隊と軍事施設を撤退ないし撤去するという最終目標を確認する。当面、米国政府は、この地域の緊張が緩和するにしたがい、台湾の米国軍隊と軍事施設を漸進的に減少させるであろう。

台湾関係法　抜粋（18ページ）

Taiwan Relations Act

1979年4月10日

第二条　B項　合衆国の政策は以下の通り。

(3)、合衆国の中華人民共和国との外交関係樹立の決定は、台湾の将来が平和的手段によって決定されるとの期待にもとづくものであることを明確に表明する。

(4)、平和手段以外によって台湾の将来を決定しようとする試みは、ボイコット、封鎖を含むいかなるものであれ、西太平洋地域の平和と安全に対する脅威であり、合衆国の重大関心事と考える。
(5)、防御的な性格の兵器を台湾に供給する。
(6)、台湾人民の安全または社会、経済の制度に危害を与えるいかなる武力行使または他の強制的な方式にも対抗しうる合衆国の能力を維持する。

台湾に関する合衆国の政策

第三条　A項　本法律の第二条に定められた政策を促進するため、合衆国は、十分な自衛能力の維持を可能ならしめるに必要な数量の防御的な器材および役務を台湾に供与する。

田岡俊次 たおか・しゅんじ
1941年京都市生まれ。64年早稲田大学政経学部卒、朝日新聞社入社。68年から防衛庁担当。74年米国ジョージタウン大学戦略国際問題研究所主任研究員、同大学外交学部講師。82年朝日新聞編集委員。86年ストックホルム国際平和問題研究所客員研究員。99年筑波大学客員教授。2004年朝日ニュースター TVコメンテイター。著書『アメリカ海軍の全貌』(教育社)、『Superpowers at Sea (海の超大国)』(オックスフォード大学出版)、『戦略の条件』(悠飛社)、『北朝鮮・中国はどれだけ恐いか』(朝日新書)など多数。

朝日新書
933
台湾有事 日本の選択

2023年11月30日第1刷発行

著者 田岡俊次

発行者 宇都宮健太朗
カバーデザイン アンスガー・フォルマー 田嶋佳子
印刷所 TOPPAN株式会社
発行所 朝日新聞出版
〒104-8011 東京都中央区築地5-3-2
電話 03-5541-8832(編集)
03-5540-7793(販売)

Published in Japan by Asahi Shimbun Publications Inc.
ISBN 978-4-02-295243-1
定価はカバーに表示してあります。
落丁・乱丁の場合は弊社業務部(電話03-5540-7800)へご連絡ください。
送料弊社負担にてお取り替えいたします。

朝日新書

発達「障害」でなくなる日

朝日新聞取材班

こだわりが強い、コミュニケーションが苦手といった発達障害の特性は本当に「障害」なのか。学校や会社、人間関係などに困難を感じる人々の事例を通し、当事者の生きづらさが消える新しい捉え方、接し方を探る。「朝日新聞」大反響連載を書籍化。

藤原氏の1300年
超名門一族で読み解く日本史

京谷一樹

摂関政治によって栄華を極めた藤原氏は、一族の「ブランド」を最大限に生かし続け、武士の世も、激動の近現代も生き抜いた。大化の改新の中臣鎌足から昭和の内閣総理大臣・近衛文麿までの90人を取り上げ、名門一族の華麗なる物語をひもとく。

台湾有事　日本の選択

田岡俊次

台湾有事――本当の危機が迫っている。米中対立のリアル、思考停止する日本政府の実態、日本がこうむる人的・経済的損害の実相。選択を間違えたら日本は壊滅する。安保政策が歴史的大転換を遂げた今、老練の軍事ジャーナリストによる渾身の警告！

どろどろの聖人伝

清涼院流水

サンタクロースってどんな人だったの？　12使徒の生涯とは？　キリスト教の聖人は、意外にも2000人以上存在します。そのなかから、有名な聖人を取り上げ、その物語をご紹介。聖人伝を通して、日本とは異なる文化を楽しんでいただけることでしょう。

一億三千万人のための『歎異抄』

高橋源一郎

戦乱と飢饉の中世、弟子の唯円が聞き取った親鸞の『歎異抄』。救い、悪、他力の教えに、西田幾多郎、司馬遼太郎、梅原猛、吉本隆明は魅了され、著者も10年近く読みこんだ。『歎異抄』は親鸞の『君たちはどう生きるか』なのだ。今の言葉で伝えるみごとな翻訳。